Heringe

Ein Portrait
von
Holger Teschke

NATURKUNDEN

NATURKUNDEN № 9

herausgegeben von Judith Schalansky

bei Matthes & Seitz Berlin

Inhalt

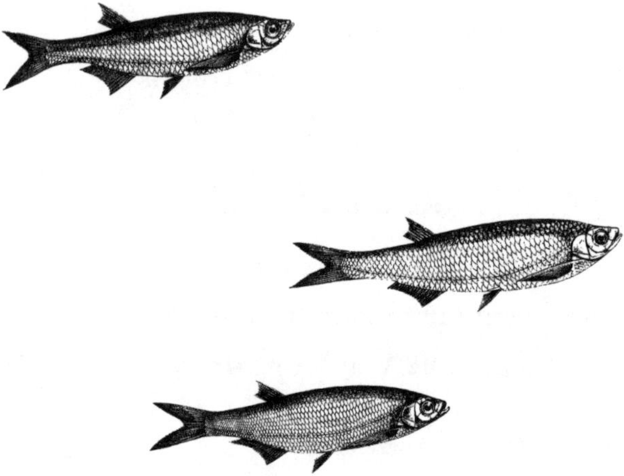

Der schwärmende Individualist

Das Heringsleuchten muss ein Naturschauspiel von unvergleichlicher Schönheit gewesen sein. Es wiederholte sich jedes Jahr, wenn die Heringe zum Laichen in die küstennahen Gewässer der Nord- und Ostsee einzogen. Dicht unter der Wasseroberfläche schwimmend, reflektierten die riesigen Schwärme das Mondlicht so stark, dass die See meilenweit glänzte und funkelte, als würde das Meer einen neuen Stern gebären. Noch im 19. Jahrhundert waren diese Schwärme oft so gewaltig, dass die Bewohner der flachen Buchten sie sogar bei Tageslicht kommen sahen. Dann begann die See zu strahlen und zu gleißen, dass die Fischer geblendet waren, während sie ihre Boote in die Brandung schoben. Mitunter konnten sie die Heringe mit Keschern und Zubern aus dem Meer in die Fischkästen schaufeln. Manchmal wurde ein Boot durch die Masse der Leiber sogar über die Wasseroberfläche gehoben und kenterte. Die See schien nur noch aus Fischen zu bestehen und wenn Wind aufkam, warfen die Wellen die Heringe zu Tausenden ans Ufer. Angesichts dieses Heringssegens war es kein Wunder, dass der Reichtum der Meere bis ins 20. Jahrhundert als unerschöpflich galt. Mit dem Hering zeigte sich die Natur dem Menschen in all ihrer ausschweifenden Fülle.

Wer die Zeugnisse des Herings in der Natur und Kulturgeschichte betrachtet, wähnt sich daher zunächst selbst in einem unübersichtlichen Schwarm von Geschichte und Geschichten:

Heringsfang. Olaus Magnus: Beschreibung der Völker des Nordens, *Holzschnitt 1555.*

Auf den Hering gründeten sich seit Menschengedenken Reiche und Vermögen; wenn er ausblieb, gingen sie unter und verschwanden. Nicht nur das britische Empire, auch Frankreich und Preußen hätten es ohne ihn kaum zu Großmächten geschafft. Im Mittelalter wurde der Hering mit Gold und Pelzen aufgewogen. Die Kaufleute der Hanse erließen Gesetze und Gütesiegel, um die Qualität ihres Salzherings gegen die zahlreiche Billigkonkurrenz zu schützen, und erbauten ihre stolzen Backsteinkathedralen und Rathäuser an Ost- und Nordsee mit Heringsgeld. Selbst Amsterdam, heißt es, ist auf Heringsgräten errichtet worden.

Alchemie und Medizin haben sich seiner bedient, er wurde als Heilmittel ebenso geschätzt wie als Fastenspeise. Der Volksmund hat ihn in Märchen und Sagen verewigt und in Bräuchen und Sprichwörtern gefeiert. Er wurde zum ›König der Fische‹ gekrönt und als ›Silber des Meeres‹ gehandelt.

Heringe wurden in den Hütten der Ärmsten, auf fürstlichen Banketten und sogar bei den Empfängen des Politbüros im Kreml aufgetragen. So kam es, dass der Hering, wie die Fischer auf plattdeutsch sagen, ein ›plietscher Fisch‹ wurde. Plietsch leitet sich von ›politisch‹ ab und bedeutet so viel wie listig und gewitzt.

Auch die Künste haben sich schon früh seiner angenommen und ihn in Liedern und Gedichten portraitiert. Der Hering ist in Theaterstücken, Romanen und Filmen aufgetreten, er wurde in Öl gemalt und in Kupfer gestochen. Shakespeare und Goethe haben ihm ihren Tribut gezollt, ebenso wie Bertolt Brecht und Heiner Müller, Pieter Bruegel und Caspar David Friedrich.

Trotz aller natürlichen und künstlerischen Fülle verdankt der Hering seinen Aufstieg zum wichtigsten Speisefisch neben Kabeljau und Seelachs auch religiöser Strenge: Die mittelalterlichen Fastengebote, verbunden mit seiner guten Haltbarkeit durch Salz und Rauch, sorgten dafür, dass Olaus Magnus um 1555 in seiner *Beschreibung der Völker des Nordens* schreiben konnte, »der Herinck speyset fast gantz Europa«. Vielleicht gerade wegen seiner Verbreitung gilt der Hering vielen noch immer als glotzäugiger Langweiler, der stumm und ergeben mit dem Schwarm in die Netze schwimmt, gerade gut genug als säuerlicher Belag auf dem Fischbrötchen oder als Katerhappen im Neujahrssalat.

Dabei ist er bei näherer Betrachtung ein ebenso weltgewandter wie weltbewanderter Fisch. Das mag nicht jeder bemerken, denn wie alle wahren Individualisten kommt er äußerlich eher unauffällig daher. Schließlich kleiden sich wirklich originelle Geister dezent und ziehen es vor, ihre Brillanz in Gedanken und Taten und nicht mit ihrer Garderobe zu zeigen. Seine schlichte Eleganz ist allen exotischen Farbenspielen zeitlos überlegen.

Gejagt zu Wasser, vom Land und aus der Luft hat er zudem Überlebens-Strategien entwickelt, mit denen er seinen Jägern durch die Jahrhunderte entkommen und seiner Ausrottung immer wieder entgangen ist. Nur einem Individualisten, der klug genug war, seine Erfahrungen im Schwarm zu sammeln, konnte solch ein welthistorischer Siegeszug glücken.

Ich bin mit dem Hering aufgewachsen. Meine Heimatstadt Sassnitz auf Rügen war schon zu Zeiten Wallensteins ein Fischerdorf und wurde nach 1945 zu einem der wichtigsten Fischereihäfen an der Ostseeküste ausgebaut, weil die hungernde Bevölkerung und die Rote Armee mit Fisch versorgt werden mussten. In meinen Kindertagen holten die Familien ihre Seemänner nach den Fangreisen noch am Anleger ab, und so stammen meine ersten Erinnerungen aus dem Sassnitzer Hafen, in dem es nach Schiffsdiesel, Teer und Heringen roch. Im Sommer 1978 sollte ich selber auf einem 26,5-Meter-Kutter zu meiner ersten Fangreise in die Nordsee auslaufen. Diese Fahrenszeit auf den Kuttern *SAS Doggerbank* und *SAS Vikingbank* hat mein Leben geprägt. Den Anblick des ersten prallen Heringsnetzes, das wie ein silberner Wal aus der Tiefe der Nordsee auftauchte, werde ich nie vergessen. Auch nicht die Stunden in schwerer See, in denen wir bis zu den Knien im Hering standen und den Fang in Eis und Kisten unter das schwankende Deck stauen mussten. Dann führte mich mein Weg vom Sassnitzer

Bis zu den Knien im Fisch. Ein Deck voller Heringe auf einem 26,5-Meter-Kutter in der Ostsee. Foto: Archiv Fischerei- und Hafenmuseum Sassnitz.

Hafen ins Theater am Schiffbauerdamm nach Berlin, in dem Heringe nur noch literarisch auftauchten.

Damals ahnte ich nicht, dass ich 30 Jahre später noch einmal auf Heringsjagd gehen würde – durch Archive und Bibliotheken, Häfen und Hafenkneipen, Fischfabriken und Herings-Museen. Und da erst entdeckte ich, dass in dem scheinbar so angepassten Schwarmfisch ein schillernder und ungezügelter Schwärmer steckt.

Woher kommt der Hering?

Die Bedeutsamkeit der Fische für den Haushalt des Menschen lässt sich mit dem einzigen Wort Häring verständlich genug ausdrücken.

BREHMS TIERLEBEN

Fast jeder hat schon einmal einen Hering gegessen: als Rollmops oder Kräutermatjes, als Bismarck- oder Brathering oder als Hering in Tomatensauce aus der Konserve. Jeder vierte Fisch, der in Deutschland auf den Tisch kommt, ist ein Hering.

Die Filets und Röllchen auf unseren Tellern stammen zum größten Teil aus Nord- und Ostsee oder aus dem Nordatlantik. Dort fischen Hochseetrawler oder Küstenkutter mit Schleppnetzen oder Ringwaden, die teilweise so groß sind, dass ein Jumbo-Jet in ihnen Platz finden würde. Wie alle Nahrungsproduktion ist auch die Fischerei weitgehend industrialisiert und hat ihren Zauber verloren. Die Momente angehaltenen Atems nach stundenlangem Schleppen, die Zeiten banger Hoffnung auf leidliche Ausbeute sind durch die modernen Horizontal- und Vertikal-Echolote vorüber. Sie können das Wasser vor und unter dem Schiff per Ultraschall nach Fischschwärmen absuchen und ermöglichen es, die Netzposition entsprechend zu regulieren. Und dennoch bleibt es für jeden Fischer ein aufregender Augenblick, wenn die Netzwinden den Steert aus der Tiefe hieven und der zappelnde Fang an die Oberfläche kommt, umkreist von hungrigen Möwen, die zu Hunderten lautstark ihren Anteil fordern.

Wer dem Hering im Nordost-Atlantik nachstellen will, hat im Gebiet von der Westküste der Britischen Inseln bis nach Grönland und in die Barentssee die besten Erfolgsaussichten. Die Bestände ziehen sich nach Osten bis zum Skagerrak zwischen Dänemark, Norwegen und Schweden und zum Kontinentalschelf der norwegischen Nordküste. Im Nordwestatlantik reicht das Verbreitungsgebiet von der Küste Virginias über den Sankt-Lorenz-Strom bis zur Südküste von Grönland, wie der Hamburger Fischerei- und Meeresbiologe Manfred Klinkhardt in seiner umfangreichen Monografie über *Clupea harengus* dokumentiert hat. Legendär sind die Fischbestände auf der Georges-Bank vor der nordamerikanischen Ostküste, sie gehörten zu den ertragreichsten der Welt. Von baskischen und portugiesischen Fischern schon im 15. Jahrhundert entdeckt, wurden sie durch die Berichte von John Cabot um 1497 dafür berühmt, dass man Kabeljau und Hering hier mit Körben aus der See ziehen konnte. Die Initiative der Einwohner, ihre wichtigste Hafenstadt Provincetown, in der die Pilgerväter zuerst 1620 vor Anker gegangen waren, 1727 in Herrington umzubenennen, scheiterte nur knapp am Einspruch des General Court von Boston. Dafür erinnern *Herring Cove Beach, Herring River* und *Herring Pond* noch heute an die üppigen Vorkommen in den Küstengebieten.

Die Bestimmung der Heringsarten ist eine Wissenschaft für sich. Obwohl das Weiße Meer im Norden Russlands geografisch zum Nordatlantik gehört, werden seine Heringsbestände beispielsweise zu den pazifischen gezählt. Im Allgemeinen gehen die Forscher von etwa 180 Arten in 55 Gattungen aus, 50 dieser Arten sind Süßwasserfische. Die große Unklarheit liegt daran,

»Der Sonn entgegen ...« Ein Schwarm Alsen, auch Maifische genannt, auf dem Weg ans Licht. Unsere Süßwasserfische, *Leipzig 1913.*

dass der Hering unermüdlich zwischen seinen Fress-, Laich- und Überwinterungsplätzen umherwandert, was ihm auch den Namen des ›Vagabunden der Meere‹ eingebracht hat. Dabei legt er Entfernungen bis zu 4000 Seemeilen zurück und durchquert teilweise sowohl Süß- als auch Salzwasser. Vor etwa 25 Millionen Jahren, als das Thetysmeer noch unseren gesamten Globus umspannte, war der Hering wahrscheinlich sogar ein Weltenbummler. Aber Kontinentaldrift und klimatischer Wandel führten zu einer Trennung der atlantischen und pazifischen Bestände, und die Eiszeit veränderte die Schwarm-Areale dann noch einmal gründlich. Der Hering als Kosmopolit hat sich so in seinem langen Existenzkampf als Überlebenskünstler erwiesen, der sich den veränderten Salzgehalten der Meere sowie den ständigen Temperaturschwankungen anzupassen gelernt hat. Weil man sich auf so langen Strecken bald einsam fühlt und leicht zur Beute gefräßiger Räuber wird, entschied er sich trotz seines ausgeprägten Individualismus schon bald für eine Schwarm-Existenz. So lernte er früh die Balance zwischen Engagement und Distanzierung, die Norbert Elias zufolge eine Voraussetzung zum Überleben ist.

Aber wie verlaufen die Wanderungen des Herings auf offener See? Diese Frage hat die Gelehrten seit dem Mittelalter beschäftigt, als sie über die Herkunft der silbernen Gottesgabe zu rätseln begannen. Da der Hering aus dem Hohen Norden zu kommen schien, vermutete man seine ursprüngliche Heimat im Eismeer. Der Niederländer Hadrianus Junius äußerte 1588 in einem in Antwerpen erschienenen Essay die Vermutung, dass der Hering aus der Arktis in die Nordsee komme. Auch William Camden, der Chronist und Kartograf Elizabeth I., teilte diese Auffassung. Daraus resultierte später die ›Polarstamm‹-Theorie, nach der ungeheuere Heringsschwärme unter den Polkappen lebten und sich im Frühjahr zum Laichen gen Süden aufmachten. Die Schwärme sollten sich dann im Nordatlantik trennen, wobei sich der eine gen Island und Grönland wandte, der andere in Richtung Nord- und Ostsee. So erklärte man sich auch, warum die Schwärme zu verschiedenen Zeiten in ihren Laichgründen auftauchten. Heute geht die Forschung von einem Wanderungs-Dreieck zwischen Überwinterungs-, Laich- und Fressgründen aus, denen die Heringsschwärme auf ihren angestammten Routen folgen. Ausgelöst werden sie durch die Frühjahrserwärmung des Meerwassers und der damit verbundenen Vermehrung des Planktons in den für das Ablaichen bevorzugten flachen Küstengewässern.

Obwohl Wissenschaftler durch Markierungsexperimente nachgewiesen haben, dass eine relativ große Anzahl von Heringen tatsächlich immer wieder in ihre Zeugungsgewässer zurückkehrt, lässt sich das nicht für alle Heringe nachweisen. Nachdem im 19. Jahrhundert der Versuch, Heringe zu markieren, wegen ihrer hohen Empfindlichkeit fehlgeschlagen war, gelang es erst nach 1950, die Routen der Fische zu verfolgen und auszuwerten.

Die Schwärme wandern in einer Tiefe von bis zu 300 Metern und steigen nachts an die Wasseroberfläche auf, wohin sie der wichtigsten Beute, winzigen Krebs- und Fischlarven, die in weiten Teppichen durch das Meer schweben, folgen. Wenn an ihnen Mangel herrscht, ernährt sich der Hering auch vegetarisch von Algen- und Seegraspartikeln. Ein aus der Tiefe aufsteigender Heringsschwarm gehört für jeden Taucher zu den unvergesslichen Begegnungen. Wie aus dem Nichts erscheint plötzlich eine silberblau schimmernde Heerschar, die sich angesichts des dunklen Eindringlings blitzschnell auflöst und an einer weit entfernten Stelle ebenso schnell wieder sammelt und weiterzieht. So ist der Hering nicht nur ein ausgesprochen geselliger, sondern auch ein sehr schöner Fisch. Leider lernen ihn die meisten Menschen nur geräuchert, gebraten oder mariniert kennen und da ist es mit der Schönheit längst vorbei. Aber unter Wasser erstrahlt sein schlanker Körper je nach Lichteinfall von stahlblau bis violett. Mitunter kann man sogar einen goldenen Schimmer erkennen. Sein Rücken glänzt smaragd- bis dunkelgrün, was es für Seevögel schwerer macht,

Entfernte Verwandte: Alosa tyrannus, Meletta, Engraulis Janeira, Clupanodon Aureus Spix, Engraulis tricolor, Ceten Graulis Edentular. Jacques Burkhardt, 1865–1866.

ihn unter der Wasseroberfläche aufzuspüren. Wem die Ostsee zu kalt ist, der kann davon im Stralsunder Ozeaneum einen Eindruck bekommen, wo ein Schwarm von über tausend Fischen ruhelos seine Runden dreht. Oder man nimmt *Die Ringe des Saturn* von W.G. Sebald zur Hand, in dessen Heringskapitel diese Farbenspiele eindrucksvoll beschrieben werden: »Die Schuppen an seinen Seiten und am Bauch schimmern einzeln in einem orange-goldenen Ton, haben jedoch in ihrer Gesamtheit einen reinweißen, metallischen Glanz. Gegen das Licht gehalten, scheinen die hinteren Partien auf in einem Dunkelgrün von solcher Schönheit, wie man es sonst nirgendwo sieht.«

Alte Wörterbücher hielten für die Benennung der Schönheit des Herings im Schwarm ein eigenes Wort bereit: den ›Heringsblick‹, der dem »blitzenden Glanz, den die Heringe von sich werfen, wenn sie in Scharen schwimmen« einen Namen gab. Dass Heringe für viele nur als überwältigender Massenauflauf vorstellbar waren, unterstreicht auch die Behauptung Jacob und Wilhelm Grimms, dass die Bezeichnung ›Hering‹ sich in Anlehnung an das Wort ›Heer‹ gebildet habe.

Doch nicht nur von außen betrachtet, wissen die Heringe zu begeistern, Erstaunliches ist auch im Inneren der Schwärme zu beobachten. In diesem sozialen System hat der Hering in den Jahrmillionen seiner Existenz auch eigene Kommunikationsstrukturen entwickelt, und zwar in Form von Lauten. Nicht nur Wale können Töne produzieren und wahrnehmen. Schon in den sechziger Jahren des 20. Jahrhunderts konnten Ichthyologen im Umkreis von Heringsschwärmen zwischen Rügen und Hiddensee Töne aufzeichnen, die immer dann ertönten, wenn ein Schwarm sich sammelte oder von Tauchern gestört wurde.

Diese Geräusche, die der Hering unter Wasser mithilfe der Schwimmblase bis zu 10 Meter weit aussenden kann, sind auch für das menschliche Ohr hörbar. Sie werden von den Fischern als ›Heringsfurzen‹ bezeichnet. Als erste Wissenschaftler haben Ben Wilson, Robert Batty und Lawrence Dill diese Töne untersucht und festgestellt, dass die meisten Signale eine Frequenz von 1,7 bis 22 Kilohertz haben und bis zu 8 Sekunden andauern. 1993 wurden die Untersuchungen der Meeresbiologen Magnus Wahlberg und Håkan Westerberg im Auftrag der schwedischen Marine sogar als ›Geheim‹ klassifiziert, um eine Blamage des Militärs zu verhindern. Jahrelang hatte die Admiralität vermeintlichen sowjetischen Atom-U-Booten nachgespürt, die sie für die Urheber der verdächtigen Unterwassergeräusche hielt. Am Ende war es dann nur ein Heringsfurz. Fisches Nachtgesang ist also mehr als eine Morgensternsche Phantasie.

Dem Heringsschwarm folgt auf seinen Wanderungen durch die Weltmeere eine heißhungrige maritime Jagdgesellschaft: von Feuerquallen bis zum Heringshai, vom Kabeljau bis zum Buckelwal. Der Hering entzieht sich ihnen durch ein spezielles Schwarmverhalten, das die Wissenschaftler ›Alignement‹ getauft haben. Dieser Begriff bezeichnet die Fähigkeit, sich nach dem Angriff eines Fressfeindes schnell wieder zu einem geschlossenen Schwarm zusammenzufinden, indem sich jeder Fisch an der Schwimmrichtung seines Nachbarn orientiert und ihr blitzschnell folgt. Das gelingt ihm dank eines hochsensiblen Sensoren-Netzes auf seinen Schuppen, das die minimalsten Vibrationen registriert und in Warnsignale umsetzt. Dadurch werden auch schnelle Richtungswechsel möglich, die die Jäger irritieren sollen. Das haben inzwischen auch Orcas,

»Keiner oder alle!« Auch im Kollektiv legt der Hering Wert auf den feinen Unterschied. Atlantischer Hering von Wilhelm Eigener in Grzimeks Tierleben, *1970.*

Delfine und Heringsmöwen gelernt und sich deshalb zu Jagdschulen zusammengeschlossen. Dennoch konnten sie alle die Heringsbestände durch die Jahrhunderte nicht ernsthaft gefährden. Während sich die Medusen und Raubfische vor allem auf die Fischbrut und Jungfische stürzen, jagen die Wale ganze Schwärme mittels einer ausgefeilten Luftblasentechnik, die im englischen ›bubble net hunting‹ heißt. Dabei schließen sich bis zu zwölf Tiere zusammen und kreisen den aufgespürten Heringsschwarm mit einem Vorhang aus Luftblasen ein. Die Fische geraten in Panik und schwimmen hektisch hin und her, da sie das geschlossene Blasennetz nicht durchbrechen können. Auf ein Signal durchpflügen die Wale dann den gefangenen Schwarm mit weit aufgerissenem Rachen. Ein Buckelwal kann ein paar Tausend Heringe auf einmal verschlucken. Das ist ein grandioses Schauspiel – für die *Whalewatcher,* nicht für den Hering. Denn dagegen hilft auch die klügste Schwarm-Intelligenz nichts. Aber selbst als die Walschulen noch zu Hunderten durch die Weltmeere zogen, blieb der Hering in seinem Bestand ungefährdet und behielt seine Symbolkraft für die Fruchtbarkeit des Meeres.

So sind die Heringe bis zum Ende des 19. Jahrhunderts zu Hunderttausenden, mitunter zu Millionen durch die Weltmeere gewandert. Noch Anfang des 20. Jahrhunderts soll es Schwärme von einer Breite bis zu sechs und einer Länge bis zu fünfzehn Kilometer gegeben haben. In seinem großen Kompendium *Das Meer* schwärmte Jules Michelet: »Man möchte meinen, zwischen Schottland, Holland und Norwegen sei eine gewaltige Insel emporgestiegen. Ein ganzer Kontinent scheint sich aus den Fluten erheben zu wollen … Milliarden, Billionen, wer könnte es wagen, die Zahl dieser Legionen zu ermessen? ... Menschen, Fische, alles wirft sich auf sie, aber sie ziehen weiter. In dieser Welt, in der es keine feste Bindung gibt, ist ihr Vergnügen ein Abenteuer, ihre Liebe eine Reise. Auf ihren Zügen vergießen sie wahre Ströme an Fruchtbarkeit.«

Was hat es mit dieser sagenumwobenen Fertilität denn nun auf sich? Die Wissenschaft unterscheidet in Frühjahrs- und Herbstlaicher, wobei die Frühjahrslaicher die flachen Küstengewässer der Ostsee und die Herbstlaicher die tiefer gelegenen Laichgründe der Nordsee bevorzugen. Die Heringsweibchen legen dabei zwischen 20 000 und 50 000 Eier, die an Algen und Grundgestein haften bleiben. Anschließend schwimmen die Männchen über die Gelege und geben ihren Samen, die ›Milch‹ ab. Für Liebesspiele bleibt da keine Zeit. Und auch Brutpflege kennt der Hering nicht. Die kleinen Larven müssen schon nach zwei Wochen als Embryo selber sehen, wie sie durchkommen. Denn dann ist der Dottersack leer und es heißt: schwimm oder stirb! Die Jungen steigen vom Meeresgrund auf, machen Jagd auf Plankton und werden ihrerseits gejagt. Der Hering ernährt sich ähnlich wie der Wal, nur ohne Barten. Mit weit geöffnetem Maul filtert er die Larven und Algenpartikel durch seine Kiemen.

In dieser Zeit der Einsamkeit, schon ohne Eltern und noch ohne Schwarm, müssen sie das Überleben lernen. Zwei Monate haben die Junglarven Zeit, bis sich die Flossen und das Schuppenkleid gebildet haben und sie sich zu einem Schwarm sammeln. Sechzig Tage, in denen sie auf sich gestellt die Vorzüge und Nachteile des Allein-Seins erfahren. Wir wissen nicht, was in diesen tausendvierhundertvierzig Stunden in ihnen vorgeht,

Conrad Gesner, Das Grosse Fischbuch, *Der Hering. Holzschnitt 1670.*

aber wir sehen später, dass die Heringslarven bei einer Länge von etwa fünf Zentimetern Schuppen und Flossen bilden und am Ende der Verwandlung äußerlich unverwechselbar geworden sind. Und dass sie im Schwarm ihr Leben lang, auch in den Augenblicken größter Gefahr und kunstvollster Choreografie, immer etwas Abstand halten. Walter Benjamin hat in seiner Aphorismensammlung *Einbahnstraße* geschrieben: »Eines läßt sich nie wieder gut machen: versäumt zu haben, seinen Eltern fortzulaufen. Aus achtundvierzig Stunden Preisgegebenheit in diesen Jahren schießt wie in einer Lauge der Kristall des Lebensglücks zusammen.« Darin liegt eines der Wunder des Heringslebens: er kann danach als Individualist im Kollektiv existieren. Wie er das schafft, ohne dabei an Unverwechselbarkeit zu verlieren, bleibt sein schillerndes Geheimnis.

Unbeirrbar folgt er den Wegen, die die Natur ihm vorschreibt. Aber er ist zugleich frei in einem scheinbar unendlichen Meer, das den gesamten Planeten umspannt. Er besitzt jene Freiheit, die nach Hegel aus der Einsicht in die Notwendigkeit entspringt. Der Hering ist Hegelianer, indem er dem Weltgeist im Schwarm folgt, und Freigeist, indem er als Weltenbummler lebt. So ein Kunststück gelingt nur ausgeprägten Individualisten.

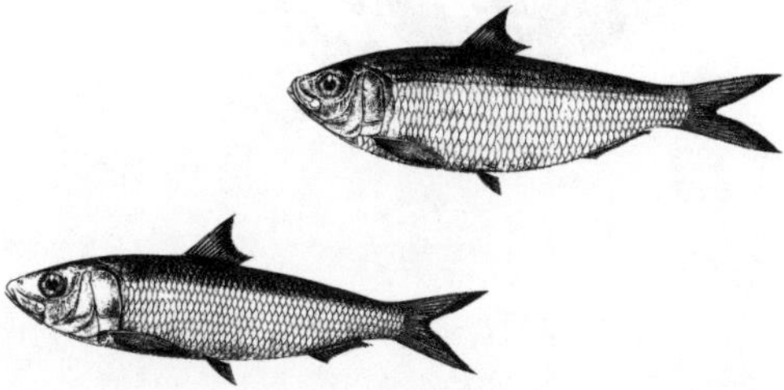

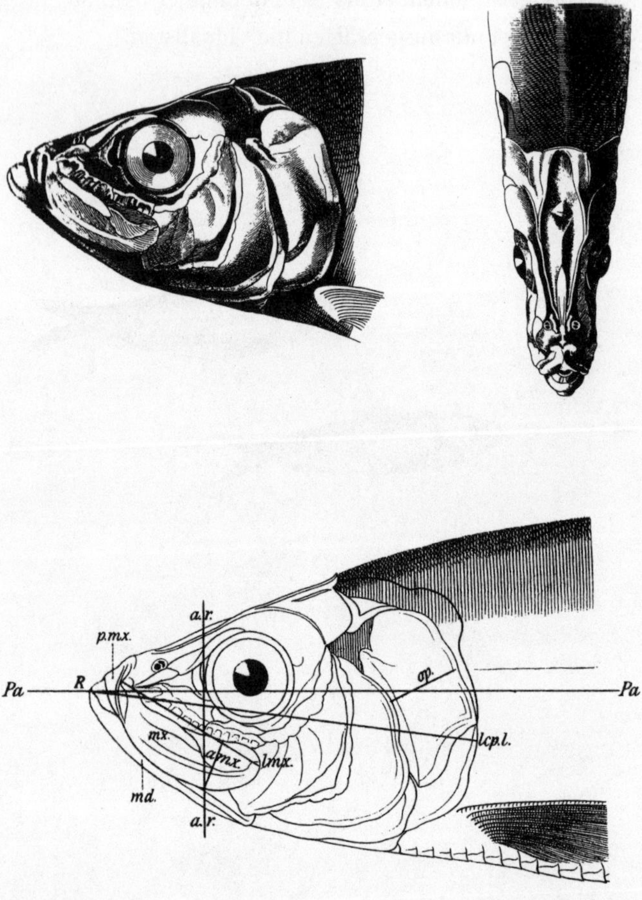

Vermessung des Schwärmers. Friedrich Heincke, Naturgeschichte des Herings, *1898.*

Der historische Hering

Der Hering ist Önophilus; das Meer, das ist sein Wein;
Dann jener kann nicht einen Tag von diesem trucken seyn.

FRIEDRICH VON LOGAU, SINNGEDICHTE

Der Hering ist ein Kosmopolit, auch wenn er in Europa eine weitaus wichtigere Rolle gespielt hat als in Amerika, Asien oder Afrika. Ein Fisch, der so viel Geschichte mitgeschrieben hat, hinterlässt seine Spuren in Historien und Chroniken, aber auch in Kontorbüchern und Assekuranzen. Um sich in barer Münze auszahlen zu können, musste der Hering jedoch dem Meer abgerungen, haltbar und somit handelbar gemacht werden. So lässt sich der Triumph des Herings nicht zuletzt anhand der Zeugnisse historischer Fang- und Verarbeitungstechniken illustrieren, die teilweise noch heute erhalten sind.

Die Verbesserungen im Bootsbau führten schon in der Jungsteinzeit dazu, dass die Männer von der Küsten- zur Seefischerei übergehen konnten, worauf die zunehmende Grätenmenge bei Ausgrabungsfunden hinweist. Die Ernährung wurde reichhaltiger und besser, denn Hering ist gesünder als Mammut.

Als erster antiker Chronist erwähnt Plinius in seiner *Naturalis Historia* um 50 nach Christus reusenartige Schilfgeflechte, die an der Nordseeküste aufgestellt und bis zum 19. Jahrhundert verwendet wurden. Der Heringszaun im Schleswig-Holsteinischen Kappeln soll der älteste und letzte dieser Art in Europa sein. Er ist über 500 Jahre alt und zur Frühjahrssaison wird mit ihm noch immer Hering gefangen. Einst fehlte der Stadt das Geld zum Abriss, heute ist man froh über diese dauerhafte Repräsentanz des Herings im Stadtbild und feiert ihn mit den Kappelner Heringstagen, während derer Bürger und Gäste im Rahmen der ›Heringswette‹ nach erfolgreichem Fang das Gewicht das Netzinhaltes schätzen. Wer dem Gewicht am nächsten kommt, wird zum Heringskönig gekrönt. Solche Heringsfeste gibt es entlang der Ostseeküste von Heringsdorf bis Helsingör und an der Nordsee von Emden bis zum Firth of Forth. Auch bei Ausgrabungen in Dänemark und Schottland wurden frühe europäische Reusen gefunden.

Einmal an Land gezogen, lässt sich der Hering jedoch auch anhand einer feinen weißen Spur quer durch Europa verfolgen: der des Salzes und mit ihm der immer wieder neu entdeckten Verfahren der Konservierung. Um zum Massenprodukt zu werden, musste der Fisch haltbar sein. Überall wo der Hering historisch wichtig wurde, entstanden irgendwann auch besondere Verfahren des Pökelns.

Seine erste urkundliche Erwähnung im frühen Mittelalter fand der Hering in England, wo er 709 in den Abrechnungsbüchern des Klosters Evesham auftaucht. Da Evesham tief im Landesinneren liegt, muss zu dieser Zeit die Konservierung mittels Salz schon bekannt gewesen sein. Im Ostseeraum wurde die Erfindung des Einsalzens zur Haltbarmachung jedoch Bischof Otto von Bamberg zugeschrieben, der als Missionar in Pommern um 1125 viel über die Bedeutung des Herings gelernt hatte. Die Holländer berufen sich in puncto Erfindung des Einsalzens auf See wiederum auf Willem Beukelsz aus dem flandrischen Biervliet. Der in den Niederlanden legendäre Beukelsz

Melancholischer Hering. Der Zeitgeist fand Eingang in die zoologischen Tafelwerke. The history of esculent fish, *London 1794.*

soll als Steuermann auf einer Buise gefahren und als erster Fischer sowohl den Kehlschnitt, das Kaaken, als auch das Einpökeln angewandt haben. Deshalb zierten seinen Grabstein in der Kirche von St. Nikolaus zu Biervliet auch zwei gekreuzte Kaakmesser und die dankbaren Händler nannten den Bückling nach ›Beukeling‹. Angeblich hat sogar Kaiser Karl V. sein Grab besucht und vor den Augen der ehrfürchtigen Menge einen Räucherhering verzehrt.

Der Aufstieg des Herings zum Grundnahrungsmittel ging Hand in Hand mit der fortschreitenden Christianisierung des Kontinents. Die Gläubigen hatten sich immerhin an über 140 Fastentage im Jahr zu halten. Auch wenn dieses Diktat in Zeiten der Mangelwirtschaft durchaus zu Ernährungsengpässen führen konnte, dachte die Kirche nicht daran, das Verzichtsgebot zu lockern. Lieber hob Papst Alexander III. das sonntägliche Arbeitsverbot auf, damit die Fischer in ihren Schuten zum Fang ausfahren konnten. Fasten und Arbeiten, dazu brauchte es also gar keine protestantische Ethik.

Zentrum der englischen Heringsfischerei war Yarmouth an der Ostküste von Norfolk, das seit 647 eine Kirche besaß, die dem Saint Nicholas, dem Schutzpatron der Fischer, geweiht war. 1016 wurde der Ort in einer Lehensurkunde König Knut des Großen als ertragreiche Heringsdomäne erwähnt. Der normannische König bestieg im gleichen Jahr den englischen Thron und belehnte seinen Vasallen Turkullus mit diesem Fang- und Handelsplatz an der Mündung des Yare. Unter William dem Eroberer wurde aus Yarmouth eine europäische Heringsmetropole, die hier ausgerichtete *Yarmouth Herring Fair* gehörte bis ins 13. Jahrhundert zu den großen Heringsmessen Europas und dauerte bis zu 40 Tage.

Die Fischer von Yarmouth finden auch 1086 im *Doomsday Book* Erwähnung. In diesem Ur-Grundbuch, das von William dem Eroberer nach der Entmachtung des Adels aufgesetzt wurde, wurden die neuen Grundbesitzverhältnisse festgeschrieben, die bis zum Jüngsten Gericht Gültigkeit haben sollten. Umso verwunderlicher, dass nach dieser Urszene der Schöpfung von Privateigentum die Fischbestände außen vor blieben. Ganz im Gegenteil, 1295 erlaubte ein Edikt von Williams Nachfolger Edward I. auch fremden Fischern, in der Heringssaison vor der englischen Küste zu fischen. Die Zahl ihrer Schiffe wuchs daraufhin auf das Hundertfache der einheimischen Fangflotte an. Der Hering stand weiterhin für Überfluss, für den die Ausschlussverfahren auf dem Lande nicht galten. Offenbar war genügend Hering für alle da, denn noch um 1336 wurden über 5 000 Tonnen Hering angelandet und verarbeitet.

Der Hering ist also nicht nur selbst ein Kosmopolit, er sorgte auch dafür, dass sich in den Gewässern, in denen er sich tummelte, auch eine kosmopolitische Schar von Fischern einfand. Diese buntscheckigen Haufen auf See waren auch im Mittelalter nichts Ungewöhnliches. Auch in den *Annalen von Dieppe* von 1383 lässt sich ein Abkommen finden, in dem König Louis XI. zusagte, die holländischen, brabanter und flandrischen Fischer ungestört vor der französischen Küste auf Fang gehen zu lassen.

Das Fischereirecht war zwar bis ins 12. Jahrhundert ein Recht der Allmende, also der Allgemeinheit, und nur die Küstenbewohner hatten einige Privilegien. Aber mit der Entwicklung des Lehnswesens galten dann zunehmend auch Teiche, Flüsse und Strände als Besitz der Grundherren und wurden samt Fischereierlaubnis verpachtet. Daraus ergaben sich schnell Konflikte mit den alteingesessenen Küstenbewohnern, vor allem, wenn die Rechte an Klöster und Abteien übertragen wurden, die nun einen Fangzehnten verlangten und den Fischern das Strandrecht streitig machten. Um unter diesen Umständen überleben und sich wehren zu können, schlossen sich die Fischer auf Rügen und Hela zu ›Kommünen‹ oder ›Matschappien‹ zusammen, die bis zum 20. Jahrhundert Bestand haben sollten. Egon Erwin Kisch besuchte noch 1926 so eine Fischerkommune auf Mönchgut und befand: »Nirgends ist man so rückständig in der Technik des Fischfangs wie an der pommerschen Küste und am allerrückständigsten sind die Leute von Rügen. Seit dem Mittelalter wird das Gewerbe auf gleiche Art ausgeführt.«

Süßwasserverwandtschaft. Zwei Heringe aus den Großen Seen zwischen Hudson und Mississippi. Walter A. Weber, in John Oliver La Gorce, The Book of Fishes, *1952.*

WALTER A. WEBER

Indem der Hering mehr und mehr zum Handelsgut und Reichtumsgaranten avancierte, begann auch der Zank um ihn. Die Herrscher stellten Schutzbriefe aus und taten sich an dem Fangertrag in Form von Steuern gütlich. Auch wurden Fischinspektoren eingesetzt, die über die genau festgelegte Größe und Füllmenge der Tonnen sowie die Qualität von Salz und Fisch wachen und sicherstellen sollten, dass die Heringe frisch waren und nicht Fische unterschiedlicher Qualität vermischt wurden.

Das scheint damals in Deutschland oft der Fall gewesen zu sein, denn noch 1494 beklagt Sebastian Brant in seinem *Narrenschiff* in den Versen über »Fälschung und Beschiss«:

Zu Gold man Kupfer jetzt auffrischt,
Mausdreck man unter Pfeffer mischt,
mit faulen mischt man gute Fisch,
daß man verkauft sie all für frisch.

Selbst die strengen Kontrollen der Hanse konnten dagegen im fernen Basel offenbar nichts ausrichten. Die schlechten und kleineren Heringe wurden in den Fässern nach unten, die großen und besten nach oben gepackt und das teure Salz oft mit Asche und Sand vermischt.

Nachdem es schon 1337 Beschwerden wegen zu kleiner dänischer Tonnen während der Heringsmesse auf Schonen gegeben hatte, wurde mit dem Rostocker Band eine verbindliche Tonnengröße vorgeschrieben. Auf dem Hansetag von 1469 einigten sich Lübeck und Rostock auf ein Eichmass, das mit einem Gefäß namens ›Heringsahm‹ überprüft wurde. Acht gefüllte Ahmen ergaben den Rauminhalt von 119 Litern für eine hanseatische Heringstonne. Der aus diesem Anlass gegossene bronzene Ur-Ahm kann noch heute im Lübecker Museum für Kulturgeschichte zu St. Annen besichtigt werden.

»Die Kontrolle über Hering und Salz bedeutete die Kontrolle über die nordeuropäische Wirtschaft«, schreibt Mark Kurlansky in seinem Standardwerk über die Geschichte des Salzhandels. Kein Wunder, dass der Hering zum umkämpften Objekt aufstieg, das im französisch-englischen Krieg am 12. Februar 1429 sogar über den Ausgang einer Schlacht entschied. Während der Belagerung von Orléans sollte der Duke of Bedford einen Wagenkonvoi von Paris ins Feldlager vor der Stadt bringen, in dem bereits Hunger herrschte. Die Engländer hatten fünfhundert Planwagen mit Heringsfässern beladen und unter dem Geleitschutz von Sir John Falstaff nach Orléans losgeschickt. Auf dem Schlachtfeld von Rouvray, zwischen Tours und Poitiers, wurde der Konvoi von französischen Truppen angegriffen. Sir John ließ eine Wagenburg bilden und die englischen Truppen sollen neben Pfeilen und Lanzen auch Heringe gegen die Franzosen geschleudert haben, bis diese die Flucht ergriffen. Shakespeare hat diese Szene in *Henry IV* leider ausgelassen. Vielleicht fürchtete er, das Publikum im *Globe* könnte sich eines Tages bei einer schlechten Vorstellung daran erinnern. Dennoch wäre die Heringsschlacht durchaus eine Szene wert gewesen. Etwa so:

Landstraße nach Orléans. Auftritt Duke of Bedford und Sir John Falstaff mit Soldaten.

BEDFORD: Ihr brauchtet lange von Paris bis nach Rouvray, Sir John. Was hat Euch aufgehalten?

FALSTAFF: Heringe, Sir.

BEDFORD: Wie, Heringe?

FALSTAFF: Fünfhundert Wagen, die Lord Mortimer
bestimmt hat für die Truppen vor Orléans,
zu stilln den Hunger und den Durst zu wecken
auf die Erstürmung und den Wein der Stadt.

BEDFORD: Salzige Fracht.

FALSTAFF: Und ein gesalzner Plan, der aufgeht,
hoffentlich, denn ich bin durstig.

BEDFORD: Bringt Wein!

Diener mit Wein.

FALSTAFF: Ich trink auf Euch, Mylord von Bedford
und auf die salzigen Verbündeten!
Wer ist das Mädchen, von dem ganz Paris spricht?

BEDFORD: Die Jungfrau von Orléans? Die einen sagen:
eine Heilige. Die andern: eine Hexe.

FALSTAFF: Solange sie kein Fischweib ist...

Soldat.

SOLDAT: Mylord, ein Angriff der Franzosen!
Sie nähern sich in scharfem Trab den Wagen!

BEDFORD: Zu Pferd, Sir John! Den Wein hebt für den
Sieg auf!

FALSTAFF: Rettet die Heringe vor Frankreichs Pfannen!

Schlachtlärm hinter der Szene und klatschende Geräusche.
Rufe: Heringe her! Sie fliehen, sie fliehen!
Zwei Soldaten gehen fechtend über die Bühne,

ein Hering fällt aus dem Schnürboden. Bedford und Falstaff kommen zurück.

BEDFORD: Sorgt, dass der Hering wieder in die Fässer kommt, Sir John. Vielleicht, dass wir auch Orléans damit erobern trotz dieser Jungfrau. *Ab.*
FALSTAFF: Sehr wohl, Mylord. *Hebt den Hering auf.*
Gefallen, Hering, bist du doch ein Held
Es geht oft fischig zu in unsrer Menschenwelt.

Weiter östlich war zwischen 790 und 1066 mit Haithabu an der Ostküste von Jütland ein großer Handelsplatz der Wikinger entstanden, der seine Bedeutung ebenfalls dem Hering verdankte. Die Wikinger kannten die Konservierung durch Meersalz und verproviantierten ihre Drachenschiffe mit Salzhering und Stockfisch. Um an das weiße Gold zu kommen, überfielen sie sogar die Bucht von Biskaya und ernteten die französischen Salzfelder ab. So konnten sie die Küsten von Grönland bis nach Russland plündern, bis Harald der Harte Haithabu zerstörte und William der Eroberer den englischen Thron bestieg. Im mittelalterlichen Norwegen hat der Hering es sogar bis in die Nationalchronik *Konungsskuggsjá,* den ›Königsspiegel‹, geschafft. Das große Lehr- und Geschichtswerk aus dem 13. Jahrhundert beschreibt neben der Welt des Königshofes auch die Wunder fremder Länder und Meere und den wunderbaren Zug der Heringe. »Wenn es dem Ende des Winters zugeht, da suchen sie die Nähe des Landes auf und sind fröhlich miteinander, wie nach überstandener Sorge.« Allerdings finden auch die gefahrvollen Situationen Erwähnung, lauert doch in den Fjorden der *fiskreki,* der Heringswal, der die Schwärme in die Rachen seiner

Artgenossen und in die Netze der Fischer getrieben haben soll. Zwischen 1143, dem Jahr der ersten Neugründung Lübecks, und 1469, dem letzten Hansetag in der Stadt, liegt die Blütezeit des hanseatischen Heringshandels. Mit Lübecks Aufstieg begann die Entwicklung der Heringsmärkte, der Vitten, auf Schonen. Kurze Wege zwischen diesen Fang- und Verarbeitungsplätzen an der Südküste Schwedens, den Lüneburger Salzvorkommen und zu den alten Handelsstraßen machten die Stadt an der Trave zu einem Zentrum des europäischen Heringsexports. Auf dem Höhepunkt ihrer Macht verfügten die Hansestädte Mitte des 15. Jahrhunderts über eine Flotte von 40 000 Schiffen mit 300 000 Mann Besatzung und Handelsniederlassungen von Island bis nach Italien. Freie Fahrt und freie Absatzmärkte bildeten für ein Handelsbündnis wie die Hanse daher die Grundvoraussetzung. Als die dänische Königin Margarete I. sich anschickte, nach dem Großteil Schwedens nun auch Stockholm zu erobern, und die Stadt zu diesem Ziel belagerte und blockierte, ließen sich die Hansestädte Rostock und Wismar auf ein Abkommen mit eher unehrbaren Geschäftsmännern, den Vitalienbrüdern, ein. Diese Piraten sollten Lebensmittel nach Stockholm schmuggeln und bekamen im Gegenzug das Recht zum Kapern. Einer ihrer Anführer war Klaus Störtebeker.

Der legendäre Freibeuter und seine Kaperer werden in den Sagen meist mit Gold und weniger mit dem Silber des Meeres in Verbindung gebracht. Dabei hatten sie mit Sicherheit auch Heringsfässer an Bord. In den Proviantlisten aus dieser Zeit findet sich neben Brot, Bohnen und Rindfleisch auch Salzhering – immerhin fast 7 Kilo pro Mann. Dazu gab es literweise Bier, weil Salzhering durstig macht.

Als die Hanseherren ihre Seeräuber wieder loswerden wollten und bekämpften, wandten sich Vitalier schließlich auch gegen die Koggen ihrer früheren Auftraggeber – und fanden neben Korn und Bier auch jede Menge Salzheringe unter Deck. Da die Piraten auf sichere Liegeplätze jenseits der großen Hafenstädte angewiesen waren, mussten sie sich mit den Fischern und Bauern an der Küste zwischen Wismar und Greifswald gutstellen. Deshalb haben sie wohl des Öfteren freigiebig Bier und Heringe verteilt und ›like deel‹ gemacht, was zu ihrem zweiten Namen *Likedeeler*, Gleich-Teiler, und zu ihrem Ruf als frühe Sozialisten zur See geführt hat.

Hering wurde neben Getreide und Holz zum wichtigsten Exportartikel der Hanse und das Silber der See zu geprägtem Gold in den Truhen von Lübeck, Rostock, Stralsund und Wismar. Doch in manchem Frühjahr blieben die Heringsschwärme aus und tauchten an anderen Küsten auf. So geschah es auf Schonen zu Beginn des 16. Jahrhunderts und läutete den Niedergang der Hanse ein.

Die Wissenschaft geht heute davon aus, dass vor allem der Beginn der ›Kleinen Eiszeit‹ für die Veränderung der Heringsrouten verantwortlich war. Die Fangverluste verstärkten die finanziellen und politischen Schwierigkeiten der Hansestädte beträchtlich. Als der Hering knapp wurde, lagen auch bald die Nerven und das Eisen blank. Gab es schon vorher handgreifliche Auseinandersetzungen, wie die berühmte Heringsschlacht von Dragör im Jahr 1463 zwischen deutschen und dänischen Fischern, so wurden durch die schwindende Autorität der Hanse bewaffnete Auseinandersetzungen zum blutigen Alltag. Man stellte den wenigen Schwärmen in fremden Gewässern nach

Georg Flegel, Stillleben mit Hering und Steinzeugkrug, *1636.*

und schlitzte sich dabei erbarmungslos Netze und Kehlen auf. Englischen Fischern, deren Boote geentert wurden, banden die Hansevögte Hände und Füße zusammen und warfen sie über Bord. Doch der Hering kam auch davon nicht zurück. Die Fanggebiete verlagerten sich in die Nordsee, in das Gebiet zwischen Kattegatt und Doggerbank, und schließlich über den Atlantik bis nach Neufundland.

Damit begann im 16. Jahrhundert die große Zeit der holländischen Heringsfischerei, ›de Groote Visscherij‹, die den Übergang von der Küsten- zur Hochseefischerei markiert.

Durch den Bau der *Heringsbuisen* in den Werften von Hoorn konnten die Holländer sowohl größere Besatzungen als auch neue Treibnetze einsetzen. Hatten vorher auf den kleineren Schuten höchstens fünf Fischer Platz gefunden, so fasste eine Buise bis zu fünfzehn Männer und konnte die Heringsschwärme bis hinauf zu den Orkney-Inseln verfolgen. Die Treibnetze wurden dabei zu Fleets von mehreren hundert Metern Länge zusammengeknüpft, die man über das Vorschiff aussetzte und vor dem Wind schleppte. Begleitet wurden die Buisen von kleineren Schiffen, die die Fänge übernehmen und schnell auf die Märkte in Lübeck und Hamburg bringen konnten.

Um 1630 fischten auf der Nordsee über 500 Buisen mit fast 10 000 Mann Besatzung und füllten in Amsterdam die Kontorbücher. Fast eine halbe Million Niederländer lebten damals vom Heringsfang: Fischer und Reeder, Schiffbauer und Netzmacher, Tonnenböttcher und Salzhändler, Kaufleute und Bankiers und sogar Künstler. Sie alle blickten beim Tischgebet nicht nur dankbar auf ihre Teller, sondern auch auf kunstvolle Stillleben mit jenem Fisch, dem sie Mahlzeit und Wohlstand verdankten. Aus dieser Zeit stammt das Sprichwort, dass Amsterdams Pracht auf Heringsgräten erbaut worden sei.

Da die Holländer auch vor der englischen und schottischen Küste ihre Netze auswarfen, sah sich die Britische Krone zu einer Reaktion gedrängt. Zwar hatte Heinrich VII. 1449 das Edikt seines Vorgängers Edward I. erneuert, das auch fremden Fischern Fangrechte einräumte, aber der wachsende Reichtum der Niederlande wurde in London mit Missfallen registriert. Schon Sir Walter Raleigh hatte 1603 geklagt, dass der Königin durch die Fischerei der Holländer in jedem Jahr ein Vermögen entgehen würde. Wahrscheinlich hätte der große Seefahrer gern etwas davon für den Aufbau der Flotte und der Entwicklung der Kolonie in Virginia eingezogen, aber er fiel nach dem Tod Elizabeth I. in Ungnade und wurde für 13 Jahre in den Tower gesperrt. Dort hatte er ausreichend Zeit für seine *History of the World,* in der auch die Bedeutung des Herings gewürdigt wird.

Elizabeths Nachfolger James I. und sein unglückseliger Sohn Charles erkannten die Berechtigung von Raleighs Beschwerde und begannen die ersten ›Heringskriege‹ gegen die Holländer in der Nordsee. Mit dem Ende des Dreißigjährigen Krieges und dem Zusammenschluss der Generalstaaten 1648 nach dem Frieden zu Münster wurde es zwar auf dem europäischen Festland wieder friedlicher, nicht aber auf See. Der Hunger trieb viele der entlassenen Landsknechte und Söldner auf Kaperschiffe, die holländische Schuten und Buisen überfielen und ihnen die Fänge raubten. Deshalb mussten die Fischer nicht nur mit Segel und Treibnetz, sondern auch mit Entermesser und Terzerol umgehen können. Manche Buisen wurden sogar mit Kanonen bestückt und verteidigten sich bis auf den letzten Hering mit Pulver und Blei.

Die Zahl der holländischen Buisen war zu Beginn des 17. Jahrhunderts auf über tausend Schiffe gestiegen, die eine ebenso fangstarke wie schlagkräftige Flotte bildeten. Deshalb setzte auch Oliver Cromwell den englischen Heringskrieg fort und erließ 1651 eine Navigationsakte, die zum 1. Seekrieg zwischen England und Holland führte. Auf dem Höhepunkt der Auseinandersetzungen verloren die Niederlande 1652 trotz Geleitschutz und Bewaffnung über 100 Buisen vor der schottischen

Küste. Der zweite Schlag erfolgte 1703, als die französische Marine den Spanischen Erbfolgekrieg dazu nutzte, noch einmal über 400 Schiffe der unliebsamen Konkurrenz zu versenken. Nach dem Frieden von Utrecht 1713 fischten dann nicht einmal mehr 200 holländische Buisen in der Nordsee. Davon profitierten vor allem die schottischen und englischen Fischer, die die schnellen Logger der Franzosen nachbauten und damit gegen Ende des 18. Jahrhunderts wieder an die großen Fangzeiten von Yarmouth anknüpfen konnten.

Mit dem Sieg über Napoleon etablierten sich die Briten immer stärker als Weltherrscher der Meere. Diese Stellung erreichten sie auch durch die reibungslosen Versorgungsnetze ihrer Royal Navy, deren Hunger selbstredend vor allem durch die Erträge der englischen und schottischen Heringsflotte gestillt wurde. Der Hering, der bis in die Häfen der karibischen Kolonien verschifft wurde, gehörte zur imperialen Infrastruktur, sodass sich das englische Parlament ›King Herring‹ ausgiebig widmete und seit 1797 ›Parliamentary Reports‹ erstellen ließ, die sich ausführlich mit der Situation der britischen Heringsfischerei beschäftigten.

Die Satiriker von der Zeitschrift *Punch* schrieben deswegen spöttisch vom ›Herring Empire‹. Alexandre Dumas überliefert in seinem *Großen Wörterbuch der Küche* von 1873 die schöne Anekdote, in der die Londoner Handelskammer nach den Revolutionskriegen und der Gefangennahme Pius VII. die Situation der britischen Heringsfischerei diskutierte: »Vielleicht wird Italien jetzt protestantisch«, orakelte einer der Herren. »Der Himmel stehe uns bei!«, rief ein anderer darauf entgeistert. »Wie«, erwiderte der erste, »Sie entsetzen sich, dass die Zahl der guten Protestanten ansteigen wird?« »Nicht darüber«, antwortete sein Gegenüber, »aber wenn es keine Katholiken mehr gibt, wem verkaufen wir dann unseren Hering?« Seine Sorge war unbegründet. Der Hering sollte auch an den Errungenschaften und Katastrophen im Europa des 20. Jahrhunderts einen nicht unbeträchtlichen Anteil haben.

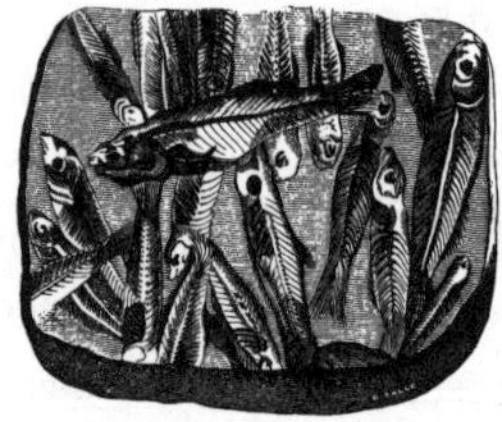

Heringsjäger

Hering in der Nordsee? Papagei
In Aschaffenburg? Wer ist ganz frei?
JOACHIM RINGELNATZ, AUF DER FLUCHT

Meine persönliche Heringsgeschichte beginnt in Sassnitz auf Rügen. 1906 wurde meine spätere Heimat-Hafenstadt aus einem Bauern- und einem Fischerdorf zu einer Gemeinde zusammengelegt, die erst 1957 das Stadtrecht erhielt. Doch schon 1889 war Sassnitz durch den Bau der Mole zu einem der sichersten Fischereihäfen zwischen Kronstadt und Kopenhagen geworden. Die Heringsfischerei war damals vor allem Küstenfischerei mit Booten, Stellnetzen und Reusen, und die Fänge wurden auf Fischkarren nach Bergen und später mit der Bahn nach Stralsund gebracht und verkauft. In meiner Kindheit nahm mich einmal ein Fischer mit hinaus zur Reusenkontrolle, und so lernte ich den Unterschied zwischen Kummreusen und Stellnetzen kennen. Die Kummreuse besteht aus einem labyrinthischen Kammersystem, aus dem die Heringe nicht mehr herausfinden. Der Standort der Reuse wurde früher oft mit einem alten Reisigbesen angezeigt. Schien der Fang vielversprechend, wurden die Kammern geschlossen und ausgekeschert. In den Stellnetzen hingegen, die mit Stockankern auf dem Boddengrund verankert waren, verfingen sich die Heringe mit Kopf und Kiemen in den Maschen und mussten dann von den Frauen am Strand mühsam herausgepükert werden. Aus

Familienalbum I. Von oben nach unten: Hering, Sprotte, Alse und Sardelle. Ichthyologie ou Histoire Naturelle des Poissons, *Berlin 1796.*

ökologischer Sicht ist diese Art von Fischerei tatsächlich nachhaltig. Reusenstellen war und ist jedoch eine aufwändige und langwierige Arbeit, denn sowohl die Reusenpfähle als auch die Netze müssen von den Booten aus eingepflockt und gespannt werden. Während die Fangflotte der Bremer *Nordsee* mit ihren Heringsloggern schon um 1900 Hochseefischerei betrieb, wurden die Fischerboote auf Rügen und Hiddensee zu dieser Zeit noch immer mit Wind- und Muskelkraft bewegt. Immerhin waren sie damit selbst über die schweren Wetter der Weltwirtschaftskrise von 1929 gekommen. In deren Folge wurden die ›Reichsfischwochen‹ wiederbelebt, die dabei helfen sollten, den Fleischmangel durch vermehrten Fischverzehr auszugleichen. Der *Ausschuss für Seefisch-Propaganda* beim Reichsministerium für Ernährung finanzierte neben Plakatkampagnen und Koch-Wettbewerben sogar Fischfilme, die der deutschen Hausfrau Kabeljau und Hering schmackhaft machen sollten. Für meine Sassnitzer Vorfahren war das rausgeschmissenes Geld, denn sie mussten Hering essen, ob er ihnen schmeckte oder nicht.

Was die Sassnitzer Fischer nicht im Hafen oder nach Stralsund verkaufen konnten, kam in Fässern an die Stettiner Heringsbörse, die nach dem Ersten Weltkrieg zum wichtigsten Umschlagplatz für Ostseehering geworden war. Da der Mensch die entfesselte Kraft der Technik, mit der er nunmehr tatsächlich zur effektiven Dezimierung der früher als unerschöpflich geltenden Heringsbestände beitrug, in der Katastrophe des Ersten Weltkrieges nun gegen sich selbst wandte, konnte sich der Hering davon vier Jahre lang erholen. Der Krieg bedeutete eine Schonzeit für seine Bestände und so wurden die Fänge zwischen 1919 und 1939 außergewöhnlich ertragreich. Auch die Sassnitzer Fischer konnten sich nun kleine Motoren für ihre Kutter anschaffen und mehr Hering anlanden als je zuvor. Dennoch betrug noch 1938 der Anteil der Fänge von den Küsten Mecklenburg-Vorpommerns nicht einmal zwei Prozent des gesamtdeutschen Aufkommens.

Aber das beeinträchtigte nicht den Humor der Sassnitzer. Die Fischverkäuferin Irma Czycholl, die noch in meinen Kindertagen hinter der Theke der Fischhandlung *Radvan* stand, erzählte gern den Sassnitzer Heringswitz vom Lehrjungen Fiete, der ins Geschäft kommt und sagt: »Ick will een Hiering mit'n ganz kleen Kopp und een ganz grooten Schwanz.« »Weswägen dat?« fragt die Verkäuferin. »Weil der Meister ümmer das Mittelstück kriegt, de olle Gesell den Kopp und ick den Schwanz!« Selbst nach 1933 gab es in Sassnitz noch plietsche Herings-Witze. Meine Mutter erinnerte sich an den Fischer Stübber Koch, der seine frischen Heringe auf einem Karren durch den Ort schob und dabei ausrief: »Hering, Hering – so dick wie Hermann Göring!« Das brachte ihm Ärger mit der NSDAP-Ortsgruppe ein, der er nach einer Vorladung zusichern musste, nicht mehr mit dem gereimten Reichsmarschall zu werben. Deshalb rief er bei seiner nächsten Runde durch die Stadt: »Hering, Hering, so dick wie vor zwei Tagen, ich darf's bloß nicht mehr sagen!«

Als das Tausendjährige Reich auch an der Ostsee untergegangen war, lag der Sassnitzer Hafen in Trümmern und die Fischerei musste neu aufgebaut werden. Ein Befehl der Sowjetischen Militäradministration ordnete im Januar 1946 an, dass die Fischer die Versorgung der Bevölkerung und der Roten Armee durch Pflichtabgaben sicherzustellen hatten. Aber das war mit den wenigen einsatzklaren Kuttern nicht zu leisten. Außerdem gefährdeten Minen und Wracks die Schiffe auf See. Schiffsdiesel, Öl, Netze und Fischkisten waren Mangelware. Deshalb musste bis 1949 Salzhering aus Schweden importiert werden, um wenigstens den Grundbedarf zu decken.

Am 7. Februar 1949 wurde nach sowjetischem Vorbild die *VVB Fischwirtschaft Sassnitz* gegründet und die Kutter der früheren Genossenschaften in Volkseigentum überführt. Ende des Jahres konnte diese kleine Flotte durch elf Kutter aus Hamburg verstärkt werden, die mangels Bargeld mit Zuckerlieferungen bezahlt und deswegen vom Volksmund ›Zuckerkutter‹ getauft wurden. Bald kamen auch Kapitäne aus Bremerhaven, Cuxhaven und Kiel und fischten auf volkseigenen Loggern und Trawlern. Der plietsche Hering kannte keine Zonengrenzen und lockte junge Männer aus Ost und West und sogar aus Sachsen und Thüringen an die Ostsee.

Im Sommer 1954 kam mein Vater aus einem Thüringer Dorf nach Sassnitz, weil sich bis dort herumgesprochen hatte, dass der neue Betrieb Decksleute suchte und nach Schwerstarbeiter-Tarif bezahlte. Eine Wohnung brauchte man nicht, die jungen Fischer schliefen an Bord der 17-Meter-Kutter im Vorschiff, wo auch gekocht und gegessen wurde: Fischsuppe, Fischklopse und dazu Köm gegen Kälte und Heimweh. Die Kutter liefen zu Tagesfahrten aus und am Abend wurde der frische Fang im Hafen gelöscht. Wenn die Heuer ausgezahlt war, ging es zum Schwoof ins *Schmale Handtuch* an der Strandpromenade, später ins *Seemannsheim* oder ins *Stubnitz-Café,* wo es Mädchen, Schnaps und Schnulzen bis weit nach Mitternacht gab und man die harten Tage auf See für ein paar Stunden vergessen

»Der goldne Glanz gebührt dem König.« Von oben nach unten: Pazifischer Hering, Sardine, Sprotte und Atlantischer Hering. Les Poissons, *Paris 1876–1877.*

konnte. Aus dieser Zeit stammt ein Lied, das ich von unserem Koch auf der *SAS Vikingbank* gelernt habe:

Von den Mädchen geliebt, von den Müttern gehasst,
Die Heuer versoffen, die Prozente verprasst,
Von außen rau, doch von innen ganz zart:
So sind die Jungs vom Fischkombinat.

Ich habe den Hering zuerst stumm in der Waschküche unseres Kellers kennengelernt, wo er dicht gepackt in einem grünen Plastikfass lag. Mein Vater brachte von jeder Fangreise frische Heringe mit, die meine Mutter zu Kräutermatjes und Rollmöpsen verarbeitete. Da für ihn feststand, dass auch ich eines Tages zur See fahren würde, wollte er mir schon früh beibringen, wie man Fische schlachtet und filetiert. So lernte ich den berühmten Kehlschnitt und das Innenleben des Herings kennen: Leber, Magen, Darm und Schwimmblase, die im Ganzen aus der Bauchhöhle zu ziehen waren, während Rogen und Milch unbeschädigt bleiben mussten. Für einen Zehnjährigen gab es selbst in der DDR der sechziger Jahre interessantere Nachmittagsbeschäftigungen, aber darüber ließ mein Vater nicht mit sich reden. Erst wenn die Filets fertig waren, durfte ich zum Fußball oder ins Kino. Immerhin konnte ich durch diese Waschküchenschule später in der Arbeitsgemeinschaft *Junge Biologen* auch mit Skalpell und Lanzette umgehen, als wir unsere ersten Regenwürmer und Laubfrösche zu sezieren hatten. Ich ahnte damals noch nicht, dass ich sieben Jahre später auf einem Kutter in der Ostsee stehen und bei Windstärke 8 tonnenweise Heringe unter Deck schaufeln würde.

Im Frühjahr 1973 rief die Freie Deutsche Jugend zu freiwilligen Arbeitseinsätzen auf, damit sich auch Jugendliche aus Afrika und Südamerika die Reise zu den Weltfestspielen nach Berlin, Hauptstadt der DDR, leisten konnten. Wir wären niemals freiwillig ins Fischwerk gegangen, denn der beißende Gestank der Fischmehlanlage, der an manchen Tagen die ganze Stadt durchzog, hatte dem Werk einen schlechten Ruf eingebracht. Aber die Aussicht auf eine Fahrt nach Berlin zum ›Woodstock des Ostens‹ war verlockend und so fanden wir uns mit Haarnetz, weißem Kittel und in Gummistiefeln am Fließband wieder. Dort lernten wir von den Frauen, wie Hering in Dosen gepackt werden musste, um anschließend seine Reise in die Kaufhallen der Republik und des sozialistischen Lagers anzutreten. Der Geruch nach Tran und Fischöl war streng, denn die Filteranlagen stammten noch aus der Gründerzeit des Betriebs. Das Fischwerk hatte im Januar 1949 seine Produktion aufgenommen und verarbeitete die Fänge des Sassnitzer Fischkombinats. Während die Abzugsanlage antiquiert war, hatte sich der Betrieb 1961 moderne Fließbandanlagen zugelegt. Die technische Kombination aus Alt und Neu machte uns das Leben schwer, und es dauerte, bis wir die Filets so schnell in die pausenlos vorüberziehenden Dosen einlegen konnten wie die geübten Frauen. Vierzig Jahre später wird in Sassnitz immer noch Fisch konserviert. Die *Rügenfisch AG* im Sassnitzer Westhafen hat heute die modernste Fischverarbeitungsanlage Europas, die eifrigen Dosenbefüllerinnen mit Haarnetz und Gummistiefeln sind immer noch da.

Als Steuermann und Kapitän der *SAS 290 Narwal* fuhr mein Vater bis 1970 zur See. Von seinen Fangreisen aus der Nordsee brachte er exotischen Beifang wie Katzenhaie, Katfische oder

Seespinnen mit, vor allem aber bis zu anderthalb Meter große Kabeljaue. Manchmal tauschte er ein solches Prachtexemplar bei einem befreundeten Küstenfischer auf Mönchgut gegen Räucheraal, der in der DDR eine Art zweite Währung war. Aus dem Westen wurde nicht nur importiert, die Konservenfabrik musste auch Devisen erwirtschaften, die durch den Export auf den bundesdeutschen Markt erzielt wurden. Die extra für *Appel-Feinkost* in Hannover produzierten Dosen galten als Delikatesse, und obwohl es bei uns fast immer frischen Hering gab, schmuggelten wir nach der Schicht ein paar Export-Dosen an der Betriebswache vorbei, um zu Hause unsere Eltern mit Westfisch aus der Ostsee zu überraschen.

Wie sich das Etikett ›exklusiv‹ mit den Zeitläufen gewandelt hat, lässt sich gut an den Dosen ablesen. Schweifte früher der sehnsüchtige Blick in Richtung der üppigen Auslagen des Westens, produziert das Sassnitzer Werk heute als Besonderheit Nostalgie-Dosen im Design der sechziger Jahre. Der Retro-Trend hat auch den Hering erreicht, die Ostalgie vermutlich auch. Darüber hinaus orientiert sich das Werk jedoch nicht an der Vergangenheit, sondern am Weltmarkt. Herings-Filets in Burgunder-Aspik oder Pfefferbückling im eigenen Saft finden heute ihren Weg bis nach Nordamerika und Neuseeland. Dass es mir gelang, in Wellington, Neuseeland, selbst einmal eine Dose mit Sassnitzer Heringsfilets aus dem Supermarktregal zu fischen, erfüllte mich dann tatsächlich auch mit etwas Stolz. Immerhin war ich einmal für diesen Betrieb zur See gefahren.

Nach meiner Ausbildung als Schiffsbetriebsschlosser kam ich aus Rostock-Marienehe nach Sassnitz zurück und wurde für meine erste Reise auf *SAS 282 Doggerbank* angemustert.

Der Hering als Min Herzing. Das Kopftuch war das Markenzeichen der berühmten Fischfrau. Nostalgieverpackung Feinstes Heringsfilet in Tomatentunke *der Rügenfisch AG Sassnitz.*

Am Lauftag erhielt ich mein Seefahrtsbuch, griff mir in der Bekleidungskammer Ölzeug, Schlosseranzug und Arbeitsschuhe und verstaute alles in mein schmales Spind in der Maschinistenkammer. Am nächsten Morgen nach dem Auslaufen sollte ich das Steuerruder übernehmen und bekam nach der Ruderwache von unserem Maschinisten meine Aufgaben an Deck erklärt. In Rostock waren wir für die Maschinenräume von Frosttrawlern ausgebildet worden. Netzwinden zu fahren oder Fisch zu schlachten, hatten wir damals als unter unserer Maschinistenwürde empfunden.

Schon die erste Woche auf See trieb mir diesen Dünkel aus und ich war froh, wenn ich mich trotz Seekrankheit und voll-

Hiev up! Ein Heringssteert kurz vor dem Öffnen des Steuermannsknotens. Foto: Archiv Fischerei- und Hafenmuseum Sassnitz.

gefischtem Deck halbwegs auf den Beinen halten konnte. Das Netz musste bei jedem Wind und Wetter eingeholt werden. Dabei galt es, größte Vorsicht walten zu lassen, um bei schwerer See nicht über Bord zu gehen oder beim Hol nicht zwischen Schanzkleid und Kurrleinen zu geraten. Die Hochseefischerei gehört noch immer zu den gefährlichsten Berufen der Welt.

An einem eiskalten Oktobertag in der Nordsee, an dem ich bis zu den Knien im Fisch stand, entdeckte ich auf einmal, dass kein Hering dem anderen glich. Es war eine dieser merkwürdigen Beobachtungen, die man im Zustand hellwacher Aufmerksamkeit und todmüder Erschöpfung macht und an die man sich erst Jahre später wieder erinnert.

Ich habe die Heringsjagd dann trotz der guten Heuer, der Fangprozente und der Devisen schon nach einem Jahr für meinen Traum vom Theater aufgegeben. Manchmal, während öder Proben oder endloser Dramaturgie-Sitzungen, beneidete ich meine Bordkollegen und bekam Sehnsucht nach der See und den Sonnenaufgängen an der norwegischen Küste.

Aber als nach 1989 die Fischereiflotten von Sassnitz und Rostock verkauft und verschrottet wurden, war ich froh, das nicht miterleben zu müssen. »Bis 1976, als wir wegen der Erweiterung der Fischereizonen aus der Nordsee flogen, war der Hering unser Brotfisch«, erinnert sich Wolfgang Henckel, der als Kapitän auf der *SAS Jan Mayen* fuhr. »Dann mussten wir weiter bis zur Georges-Bank und nach Neufundland. Da hatten wir uns erst bei der kanadischen Fischereiinspektion anzumelden und einen Inspektor an Bord zu nehmen, der die Quoten und die Fangplätze bestimmte. Komischerweise gab's da meistens kaum Hering. Die Fangleitung entschied schließlich, dass das Zeit- und Geldverschwendung war und dann ging das große Suchen los. Wir sind bis nach Mauretanien und an die westafrikanische Küste gedampft und haben statt Hering Sardinen gefischt.«

Jedes Mal, wenn ich nach Hause kam, lagen weniger Kutter im Hafen. In nur vier Jahren blieben von den fünfzig Schiffen der 26,5-Meter-Klasse dreizehn Kutter übrig und die Besatzungen wurden aus Kostengründen von acht auf drei Mann reduziert. Die Treuhand sorgte dafür, dass die größte Fischereifangflotte Europas in kürzester Zeit abgewickelt wurde. Gegen die Billigkonkurrenz der Großhändler aus dem Westen konnten die Heringsfischer nicht bestehen.

Im Herbst 2013 fischten noch zwei ehemalige 26,5-Meter-Schiffe für die Sassnitzer *Kutter- und Küstenfisch Rügen GmbH,* der *Sternhai* und der *Blauwal*. Beide so alt wie ich, 1958 auf der Volkswerft Stralsund vom Stapel gelaufen. Woher wird in Zukunft der Hering kommen? »Unsere Gäste fragen immer zuerst nach Hering«, sagt Thomas Kursikowski, Geschäftsführer des Sassnitzer Restaurants *Gastmahl des Meeres,* das noch heute so gut besucht ist wie bei seiner Eröffnung im Jahr 1974. »Wenn der Hering auf der Speisekarte fehlt, dann fehlt nicht nur ein Gericht. Dann fehlt auch ein Stück Kulturgeschichte.«

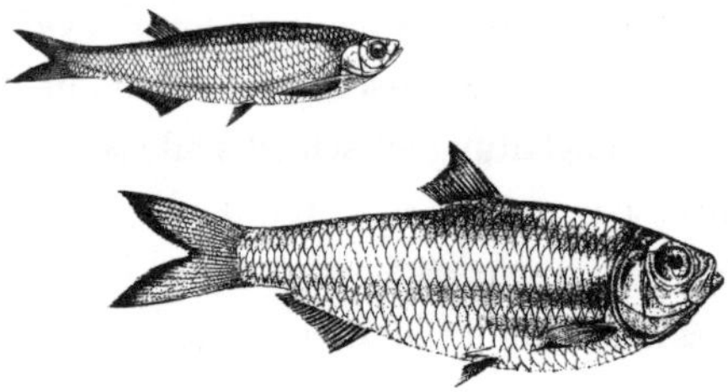

Heringszauber

Vor guter Herings-Medizin
Muss selbst der dickste Kater fliehn.
NORDDEUTSCHES SPRICHWORT

Ein Fisch wie der Hering, der eine überlebenswichtige Ressource ganzer Landstriche verkörpert, ist natürlich zum mythischen Geschöpf prädestiniert. Herrschte Überfluss, musste man sich die unverhoffte Gabe irgendwie begreiflich machen, das galt natürlich umso mehr für den Fall des Ausbleibens. So ist es auch nicht weiter verwunderlich, dass die kultische Beschwörung des Herings alle einander ablösenden Riten und Religionen überdauerte.

Am Kap Arkona auf Rügen befand sich die Opferstelle des slawischen Svanthevit-Kultes. Der obersten Gottheit wurden bis weit in die Neuzeit Heringe und Hirse dargebracht, indem man in manchen Fischerdörfern an der Ostsee vor Beginn der Saison ein kleines Schaff mit Salzheringen mehrmals um den Hauptmast trug, sich ›Voll Schiff‹ wünschte und die Heringe anschließend ins Meer warf. Auch Thor soll auf seinen Wanderungen Heringe mit Hirsebrei bei sich getragen haben, was die Menschen dazu inspirierte, beide Gerichte zur Jahreswende zu essen. Daher soll auch der Heringssalat zu Silvester stammen sowie der Brauch, sich eine Heringsschuppe in den Geldbeutel zu stecken, damit im neuen Jahr das Geld nicht ausgeht.

Blieb der Hering fern, konnte dies für die Bevölkerung dra-

Fischgottesdienst in Saint Dunstan, London. Bevor es auf die Fischmärkte von Billingsgate geht, nimmt der Hering hier einen Ehrenplatz ein. Foto: John Oliver La Gorce, The Book of Fishes, *1952.*

matische Auswirkungen haben. Auf die traumatische Erfahrung des Ausbleibens reagierten die Menschen zumeinst mit einer Erzählung, die ihnen den Entzug des gewohnten Reichtums erklärlich machen konnte. In diesen Situationen hatte auch die schon erwähnte ›Polarstamm‹-Theorie Konjunktur, nach der ungeheure Heringsschwärme unter den Polkappen lebten und sich im Frühjahr nach Süden aufmachen sollten. Blieben sie aus, konnte man sich das nur als Strafe Gottes für die Sünden erklären, die von der Menschheit im Allgemeinen und den Menschen auf den Heringsvitten im Besonderen begangen wurden. Half das christliche Instrumentarium der Buße und Läuterung, das von Geistlichen lauthals eingefordert wurde, auch nicht weiter, musste man sich mit anderen Traditionen helfen. Auf Helgoland erzählt man sich, dass die Insulaner nach der Christianisierung ein altes Götzenbild, dem man vorher für reichen Heringsfang geopfert hatte, kurzerhand in den Heiligen Tynthius umtauften, der nun die gleiche Aufgabe übernehmen sollte. Eine weitere interessante Neuausrichtung christlicher Glaubenspraxis im Zeichen des Herings ist von Wittow bekannt, wo die Fischerbauern besonders ungeduldig auf den Beginn der Heringssaison warteten. Die Ernten auf dem Rügener Windland waren mager und die Fischerei als Zubrot unentbehrlich. Der Altenkirchener Pfarrer Gotthard Ludwig Kosegarten führte deswegen die Uferpredigten auf Vitt bei Arkona ein, damit sein Gotteshaus im Frühjahr nicht leer blieb und die Gemeinde während der Andacht die Bucht der Tromper Wiek im Auge behalten konnte. »De Hiering stümt!«, riefen die Frauen, wenn das silberne Blinken zu sehen war, und ihre Männer eilten an den Strand zu den Booten. »Der Herr segne eure Heringe und

Familienalbum II. Von oben nach unten: Atlantischer Hering und Alse, Sherman F. Denton, 1902.

gebe euch reichen Seelenfang!«, soll der Pfarrer ihnen einmal nachgerufen haben. Seine Aufregung war verständlich, denn schließlich bekam auch er seinen Anteil vom Fang.

Wenn die Gottheiten überhaupt nichts auszurichten vermochten, baute man auf überlieferte Techniken unmittelbarer Heringsbeschwörung. Die Heringsfischer an der Ostseeküste versuchten, ihn mit Fackeln oder Schiffslaternen anzulocken. Einige Fischer glaubten, dass dies erst nach dem ›Heringsblick‹, jenem silbernen Leuchten, das der Heringsschwarm im Mondlicht unter Wasser verursacht, gelingen könne. Obwohl dieses Licht wohl eher auf die Krebse und Algen zurückzuführen war, die mit den Schwärmen aus der Tiefe aufstiegen, waren viele, darunter auch der Schweizer Mediziner und Naturforscher Conrad Gesner, davon überzeugt, dass der Hering von selber leuchtete. Ließ sich im Frühling im Kattegatt ein Nordlicht sehen, hielten die dänischen Seeleute es für ein Zeichen, das eine gute Heringssaison ankündigte. Die französischen Fischer betrachteten die Stunde des Mondaufgangs als die beste Fangzeit und ihre englischen Kollegen aus Yarmouth sangen sogar ein Lied darüber:

The herring loves the merry moonlight,
The mackerel loves the wind;
But the oyster loves the dreader's song,
For he comes of a gentle kind.

Nicht nur der Makrele, auch dem Hering wurde eine besondere Affinität zum Wind, beziehungsweise zu bestimmten Windrichtungen zugeschrieben, sowohl an der Ostsee als auch in der Bretagne und in Schottland gab es Hoffnung, dem undurchsichtigen Besuchsverhalten des Herings anhand solcher Hinweise auf die Schliche zu kommen. Bei den norwegischen Fischern hieß es: »Wo der Wal bläst, schwimmt der Hering.« Manche Fischer machten die ›Heringsprobe‹ und bliesen eine Möwenfeder über Bord, um die Windrichtung zu prüfen.

Wie wichtig der Hering für den Alltag der Küstenbewohner war, zeigen auch die Sprichwörter, in denen er auftaucht. In Pieter Bruegels berühmtem Gemälde der *Niederländischen Sprichwörter* von 1559 findet sich zwischen all den Marktschreiern, Gauklern und Narren auch ein Mann, der einen kleinen Fisch auf einem Rost brät. Der Text dazu lautet: »Er brät den Hering um seinen Rogen«. Das bedeutete, eine wertvolle Sache für eine Kleinigkeit zu opfern. Über ihm hängt ein einsamer Hering an seinen eigenen Kiemen und verkündet: »Jeder muss die Folgen seiner Fehler selber tragen.« Auch das bekanntere und bis heute aktuelle Sprichwort »Die großen Fische fressen die kleinen« hat Bruegel eindrucksvoll illustriert.

Bei den Deutschen tauchte der sprichwörtliche Hering ebenfalls in Schwärmen auf. »Er ist mit einem Hering im Hals geboren«, hieß es im Mittelalter über starke Trinker. Und von angeblichen Ketzern und Irrlehrern behauptete man: »Sie schleppen faule Heringe ins Land.« Derlei bekamen die Lutheraner zu Beginn der Reformation sicherlich oft zu hören. Mit dem Hering höhnten sie zurück: »So dicht wie Heringe in Tonnen versammeln Mönche sich mit Nonnen.« Luther selber setzte noch eins drauf: »Ein fauler Hering gibt einen guten Pökling und ein fauler Kerl einen guten Mönch.« Aber auch kleinere Streitigkeiten von weniger welthistorischem Echo ließen sich mit dem Hering fabelhaft artikulieren. Wenn sich zwei um eine Kleinigkeit stritten, scherzte man: »Sie zanken sich um eine Heringsnase.«

Auf Rügen klangen die Heringssprichwörter auf Plattdeutsch besonders schön: »Wotau den Hiering wässern, wenn ick em in Bier schwimmen loten kann?« Und eines, an das ich mich aus meiner Jugendweihezeit erinnere, hat mir sogar geschmeichelt: »Hei süht ut as een blanken Hiering!«, urteilte meine Großtante, als sie mich zum ersten Mal in einem Anzug sah.

Mystische Kraft wurde dem Hering auch als eines der Heilmittel in den alchemistischen und medizinischen Schriften des Mittelalters zugeschrieben. Hildegard von Bingen nahm ihn in ihre *Liber simplicis medicinae* auf, die sie als Naturkunden zwischen 1151 und 1158 verfasste. Im *Buch der Fische* notierte sie: »Der Hering besteht aus kalter Luft, ist jedoch seiner Art nach nicht ortsfest, sondern wanderlustig. Wenn man ihn mit viel Salz einpökelt, werden die schädlichen Stoffe, welche in ihm sind, vermindert. Für den Kranken wie für den Gesunden ist der Hering gebraten eine heilsamere Speise als der gekochte. Auch seine Milch und sein Rogen können gegessen werden. Ein Mensch, der an seinem Kopf Grind oder an seinem Körper Krätze oder Lepra hat, der nehme gut gepökelten Hering, reinige ihn in einem Wasserbad und wasche dann mit diesem Wasser die von Krätze und Aussatz befallenen Stellen.« Ob das geholfen hat, ist nicht überliefert, aber Hildegard begründete damit eine Heringsmedizin, die bis ins 20. Jahrhundert wirkte.

Kurt Jagow berichtet von mittelalterlichen Apotheken, in denen Heringsleber mit Honig gegen Zahnschmerzen, Heringsherzen gegen Magengeschwüre und Heringskiemenpulver gegen Epilepsie verschrieben wurden. Conrad Gesner empfahl um 1560 in seinem *Fischbuch* getrocknete Schwimmblasen, die ›Heringsseelen‹, als Mittel gegen Harnverstopfung. Rogen in Leinsamenöl sollten Hämorrhoiden bekämpfen und eine Salbe aus Heringsmilch in Butter Erfrierungen lindern. Der deutsche Medicus Ferdinand Bock riet in seinem *Versuch einer vollständigen Natur- und Handlungs-Geschichte der Heringe* von 1769 bei Schlangen- und Hundebissen: »einen Hering der Länge nach aufzureissen und mit der inwändigen Seite so auf die Wunde zu legen, dass sie gantz bedecket sey.« Auch die Medizin auf

Pieter Bruegel, Die Niederländischen Sprichwörter, *1559.*

Der Hering hängt am linken Bildrand unter dem Reichsapfel des Wirtshauses, der die verkehrte Welt symbolisiert.

»Merckwürdige Gäste.« Offenbar verirrten sich schon im 18. Jahrhundert Alsen und Menhaden bis in die Danziger Bucht. Jacob Theodor Klein: Historiæ piscium naturalis, *Gedanus 1740–1749.*

der Schwelle zur modernen Wissenschaft bediente sich noch ausgiebig an den alten Methoden der Heringsheilung. Christoph Hufeland, königlicher Leibarzt und Direktor der Berliner Charité, machte für die Zunahme des Wechselfiebers in Preußen nach 1806 Napoleons Kontinentalsperre verantwortlich, durch die weniger Hering ins Land kam. Von seinen Kollegen in Pommern und Rügen hatte er auf Inspektionsreisen von Wunderheilern und weisen Frauen gehört, die Heringsbalsam aus klein gehackten Filets, Spiritus und Pferdemist gegen die Gicht verabreichten und ein Heringspflaster aus Salzheringen, Stichwurz und schwarzer Seife gegen Warzen und Schuppenflechte auflegten.

In der Leydener Anatomie soll um 1632 ein Bild gehangen haben, in dem ein Lobgedicht auf ganz andere Heringskräfte überliefert war:

Wollt ihr ein gesundes Essen,
Müsst ihr Pökel-Hering fressen.
Nicht zu salzig, nicht zu fett,
Quält er euch nachts nicht im Bett,
Sondern lässt sich gut verdauen
Und gibt Kraft euch für die Frauen.

Dass der Hering auch als Aphrodisiakum dienen kann, ist angesichts seines Fett- und Eiweißgehalts nicht ausgeschlossen, aber bisher nicht wissenschaftlich bewiesen. Dass sich die Assoziation des Herings mit Fruchtbarkeit auch in den mittelalterlichen Bemühungen um die erfolgreiche Verrichtung der ehelichen Pflichten niederschlagen musste, ist jedoch mehr als naheliegend.

Derlei Wunderkräfte waren mir in meinen Kindertagen gänzlich unbekannt, als der Hering immer noch als Allheilmittel galt. Meine Rügener Großmutter verabreichte ihn gegen Erkältungen und Fieber, begleitet von dem alten Reim: »Kommt der Hering an Land, wird der Doktor unbekannt«. Bei Verstopfung schwor sie auf gekochten Rogen in Rotwein, aber das lag an ihrer Liebe zum Rostocker Rotspon.

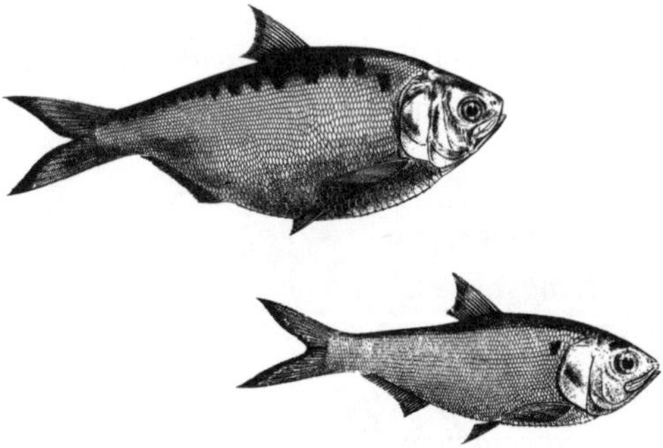

Heringskunst

Kaum denkt man: nun wirds ewig bleiben,
schon nimmts die Heringskrämerin.
JOHANN FRIEDRICH VON CRONEGK

Diese Klage aus einem Gedicht des Ansbacher Dramatikers und Essayisten bezog sich um 1750 vor allem auf Gedrucktes, das für die Ewigkeit geschrieben worden war und schon nach ein paar Monaten als Einschlagpapier endete. Wobei Herr von Cronegk metaphorisch übertrieb, denn zu seiner Zeit waren Bücher viel zu kostbar, um darin Heringe einzuwickeln.

Die Heringskrämerin wurde durch die Jahrhunderte so etwas wie eine Mutter Courage der Märkte, die mit List und losem Mundwerk ihre Fische in Parlamentsprosa und Regierungslyrik einpackte und dabei auch Neuigkeiten verbreitete, die nicht in der Zeitung standen. »Haalt Hiering! Haalt Hiering!«, erklang ihr morgendlicher Ruf über die Märkte, sobald frischer Hering angelandet war. Zu meiner Kindheit gab es auf dem Markt am Warnemünder Kirchplatz noch eine solche Fischfrau, Hedwig Anke, besser bekannt unter dem Namen ›Min Herzing‹, mit dem sie seit den zwanziger Jahren, mal zärtlich, mal ironisch, ihre Kundschaft bedachte. Wegen ihrer Offenheit und ihrer frischen Heringe von allen geliebt, schaffte sie es unter diesem Namen bis in die *Ostsee-Zeitung*, wo sie die kleinen Sorgen und Nöte des Alltags zur Sprache bringen durfte. Die großen Fische, die am Kopf stanken, waren allerdings

»Ein Harung mit Erfahrung.«
Clupea harengus nach La Pêche et les Poissons, *1868.*

auch für sie tabu. Jedenfalls in der linientreuen OZ, die bei uns nur die ›Wasser-Prawda‹ hieß, als Heringspapier aber ihre Zwecke erfüllte. Heute erinnert das Fischhus *Min Herzing* in Warnemünde an Mutter Anke.

Mal als subversives Symbol gegen die Herren, mal als Ausweis kulinarischer Kärglichkeit und Genügsamkeit, auf der Bühne entwickelte sich der Hering bald zu einem treuen Gesellen der mittellosen, kleinen Leute. Selbstverständlich musste so auch Brecht, der selbst eher der österreichischen Küche seiner Frau Helene Weigel zugetan war, zum Hering greifen. In *Herr Puntila und sein Knecht Matti* hält der Chauffeur Matti während eines Essens auf Gut Puntila seine berühmte Rede an den Hering: »Willkommen Hering, du Belag des armen Volkes!

Du Sättiger zu allen Tageszeiten und salziger Schmerz in den Gedärmen! Aus dem Meer bist du gekommen und in die Erde wirst du gehen. Mit deiner Kraft werden Fichtenwälder gefällt und die Äcker angesät, und mit deiner Kraft gehen die Maschinen, Gesinde genannt, die noch keine perpetua mobile sind.

Oh Hering, du Hund, wenn du nicht wärst, möchten wir anfangen vom Gut Schweinefleisch zu verlangen, und was würd da aus Finnland?«

Heiner Müller, den ich am Berliner Ensemble kennenlernte, würdigte als Brecht-Nachfolger in seinem *Bericht vom Großvater* von 1951 ebenfalls den Hering: »Meine Mutter gebraucht, wenn die Rede auf ihre Kindheit kommt, gern das Gleichnis vom Salzhering. Er hängt an der Stubendecke an einer langen Schnur tief herab. Er muss immer eine Woche vorhalten. Er wird nur am Lohntag erneuert. Dreimal täglich zieht die Prozession der Esser, ›jeder ein Bisschen‹, an ihm vorbei.« Müller machte sich nichts aus Heringen, sie erinnerten ihn an seine Schulzeit in Mecklenburg, die für ihn als zugezogenen Sachsen nicht leicht gewesen war. Aber wenn wir zusammen in der Theaterkantine saßen und Kohlrouladen aßen, ließ er sich manchmal Heringsgeschichten aus meiner Fahrenszeit erzählen.

Zu Zeiten von Shakespeare zogen die Karren wandernder englischer Komödientruppen durch Europa, die aus London vor der Pest und den Puritanern geflohen waren. Sie brachten die Figur des ›Pickelhärings‹ nach Deutschland, eine englische Verballhornung des Pökelherings und fischigen Bruders von Hans Wurst. In Grimms Wörterbuch wurde er als »Possenreiszer« und »Lustigmacher« verewigt, Andreas Gryphius übernahm ihn 1658 für seine von Shakespeare inspirierte Komödie *Absurda Comica oder Herr Peter Squentz* als Hofnarren des Königs.

Auch Shakespeare diente der Hering auf seinem Theater vor allem zum Spott. »Narren verhalten sich zu Ehemännern wie Sardinen zu Heringen – die Ehemänner sind die größeren«, heißt es in *Was Ihr Wollt.* Und in *Romeo und Julia* macht sich Mercutio über seinen liebeskranken Freund mit einem schiefen Vergleich lustig: »Er ist ohne seinen Rogen, wie ein gedörrter Hering.«

Die Engländer, Schotten und Iren pflegen einen besonders schöpferischen Umgang mit dem Hering. So auch in ihren Folk-Songs, wie unter andrem der *Herring Song* aus Kinsale beweist:

What do you think we made of his back?
The finest fellow whose name it was Jack!
What do you think we made of his belly?
A fine girl whose name it was Nelly!
What do you think we made of his tail?
The finest ship that ever set sail!
Sing herring tail, sing tail, sing sail,
Sing abair linn, sing abair linn!

Seine Fruchtbarkeit scheint dem Hering im norddeutschen Liedgut in erster Linie zum zweifelhaften Renommee eines windigen Betörers verholfen zu haben. Im Gesang vom *Hering und der Flunder* wird der silberne Schwärmer als Heiratsschwindler denunziert, der die Flunder mit dem schiefen Maul nur wegen eines gefundenen Goldrubels zur Frau nehmen will: »Da war die olle Schrulle reich, da nahm der Harung sie sogleich, denn so ein alter Harung, der hat Erfahrung.« Noch härter geht das *Lied vom Hering und der Makrele* mit ihm ins Gericht, in dem ihm unterstellt wird, eine geschwängerte Makrele sitzengelassen zu haben – für einen Schwarmfisch ein etwas weit hergeholter Vorwurf. »Die Makrele senkte die Lider und blickte gekränkt auf ihn nieder: Ihr Heringe, herzlose Brüder – vorm Fischgericht sehn wir uns wieder!« Aber statt vor Gericht treffen sich die beiden im Fischgeschäft: sie als Räuchermakrele, er als Heringssalat. Das Lied soll auf den alten Volksglauben zurückgehen, nach dem die Makrele dem Hering bei der Balz als Kupplerin hilft. Offenbar als Reaktion auf diesen Vorfall hat Viktor von Scheffel das *Lied vom Hering und der Auster* gedichtet, in welchem die Auster Rache für ihre beleidigte Geschlechtsgenossin nimmt. Als der Hering sie küssen will, schnappt sie zu: »Oh Harung, armer Harung, wie schwer bist du blamiert! Sie schloss voll Wut die Schalen, da war er guillotiniert.«

Talking about music: Die besten und teuersten Mundharmonikas der Welt stammen von der *Hering Hamonica Company* in Marion, Ohio. Ich habe sie 2005 durch einen Zufall in Chicago entdeckt und mir eine *Hering Blues Chromatic* gekauft. Obwohl mein musikalisches Talent bescheiden ist, musste ich allein wegen ihres Namens ein Exemplar aus dem Schwarm dieser silbernen Musik-Heringe haben.

Seitdem träume ich von einer langen Schiffsreise, auf der ich endlich Mundharmonika lernen und noch einmal *Moby Dick* lesen kann. Denn in Melvilles Wal-Roman tauchen ebenfalls Heringe auf, wenn auch nur am Rande. Im Kapitel »Chowder«, in dem es vor allem um das überschaubare Menü des Gasthauses *Zum Trankessel* auf der Insel Nantucket geht, haben sie ihren kurzen Auftritt. Als Ishmael und Queequeg zum Frühstück etwas Abwechslung vom ewigen Kabeljau- und Muschel-Einerlei wünschen, bestellen sie bei Miss Hussey »smoked herring«.

Die Walfänger wurden ebenfalls mit Fässern voller Salzhering ausgerüstet, bevor sie zu ihren jahrelangen Fahrten ausliefen. Die beiden Freunde werden also genügend Hering gegessen haben, bevor der weiße Wal die *Pequod* auf den Grund des Ozeans schickte. Pottwale machen sich nicht allzu viel aus Hering, sie ziehen Riesenkalmare vor. Aber für fast alle anderen Walarten ist der Hering ein Grundnahrungsmittel.

Am Berliner Ensemble wollte ich gern *Moby Dick* auf die Planken des Schiffbauer Damms bringen, aber Heiner Müller hielt den Wal für literarisch überschätzt. Stattdessen inszenierte Peter Palitzsch Becketts *Endspiel,* in dem Hamm von seiner Vergangenheit schwärmt: »Ich habe einen Verrückten gekannt, der glaubte, das Ende der Welt sei gekommen. Er malte Bilder. Ich hatte ihn gern. Ich besuchte ihn manchmal in der Anstalt. Ich nahm ihn an der Hand und zog ihn ans Fenster. Sieh doch mal, da! Die aufgehende Saat! Und da! Sieh mal! Die Segel der Heringsflotte! All diese Herrlichkeit!« Wegen dieser Stelle gab es während der Proben eine Diskussion, weil in der französischen und deutschen Fassung »Sardinenboote« steht, in Becketts englischer Fassung aber »herring fleet«. Es gelang mir mit der kühnen Behauptung, dass Sardinenboote auf dem Wasser nichts Herrliches hermachen, die Heringsflotte durchzusetzen.

Melville war nicht der Erste, der den Hering in der Romanliteratur erwähnt. Schon in François Rabelais' *Gargantua und*

Pantagruel lautet Pantagruels Motto »Besser lachen als geröstet werden wie ein Hering«. Mit diesen Worten serviert er Gargantua eine Mahlzeit aus altem Brie und frischen Heringen und erhebt den Fisch zur Galionsfigur der Spötter. Mit genügend Burgunder lässt sich auch dieses Gericht herunterspülen. Zu Lewis Carrolls Zeiten war es Mode, den *Red Herring,* in England besser als *Kipper* bekannt, zum Tee zu servieren. Dieser am Rücken filetierte und über Eichenholz geräucherte Hering taucht bereits in einem Poem von Walter of Bibbesworth aus dem 13. Jahrhundert als »heryng red« auf. Am 28. Februar 1660 findet er sogar Erwähnung in Samuel Pepys berühmtem Tagebuch: »Auf am Morgen, und ein paar rote Heringe zum Frühstück, während mein Stiefelabsatz neu besohlt wurde.« Diese Spezialität von der Isle of Man war also auch in den besseren Kreisen des Königreichs beliebt.

Zum Synonym für die geschickte Ablenkung von wirklichen Problemen macht ihn Shakespeares Zeitgenosse Thomas Nashe in seiner Lobrede *Nashes Lenten Stuffe or In Praise of the Red Herring* von 1599. Dieses Traktat war wohl selber der erste ›Rote Hering‹ und sollte von Nashes Mitautorschaft an dem Stück *The Isle of Dogs* ablenken, das er gemeinsam mit Ben Jonson verfasst hatte. Es wurde von den Behörden als ›aufrührerisch‹ verurteilt, und während Jonson ins Gefängnis wanderte, flüchtete Nashe nach Yarmouth, wo er die Bedeutung der Heringsfischerei kennenlernte und pries. Dan Brown hat diese Tradition in seinem Thriller *Der Da Vinci Code* aufgegriffen, indem er den Mordverdacht auf Bischof Aringarosa lenkt, worauf Kenner der Heringsgeschichte natürlich nicht hereinfallen: nomen est omen.

Die Malerei hat den Hering wohl am häufigsten von allen Künsten dargestellt. Von Georg Flegel bis Vincent van Gogh platzierten ihn die Maler seit der Renaissance als schillerndes Mittelstück in ihren Stillleben. Fast so oft wie den Hummer, obwohl dessen leuchtendes Rot wesentlich prunkvoller auftrumpfen kann. Aber wahrscheinlich hatten die Künstler öfter Hering als Hummer auf ihren Tellern und fühlten sich dem Vagabunden der Meere daher verbundener.

Caspar David Friedrich brachte während seiner Rügenreisen zwischen 1801 und 1826 immer wieder Skizzen von Fischerbooten und Heringsreusen zu Papier. Seine bekannteste Darstellung findet sich auf dem Gemälde *Frau am Meer* von 1819, das eine Dame am Strand von Vitt zeigt, der gerade von einer Flotte Heringsfänger aus der Tromper Wiek angesteuert wird. Im Hintergrund erhebt sich das Kap Arkona, vor dem ein paar auffällig gleißende Segelschiffe navigieren. Das Gesicht der Frau ist vom Betrachter abgewandt, sodass man nicht erkennen kann, ob sie sehnend aufs Meer blickt oder die Heimkehr der Fischer mit Angst verfolgt. Das Gemälde wurde als Metapher für die Begegnung zwischen Diesseits und Jenseits interpretiert, wobei die Frau und die Heringsfänger das Diesseits, die hellen Klippen und Segler das Jenseits symbolisieren sollen. Meiner Ansicht nach erinnert das Bild vor allem an jenen Augenblick, an dem Friedrichs Frau Caroline zum ersten Mal in ihrem Leben das Meer sah und davon träumte, mit den Fischern hinauszufahren.

Friedrich malte seine Rügenbilder nicht vor Ort, sondern in Dresden, wo er seine Erinnerungen mithilfe seiner Skizzenbücher rekonstruierte. Auch in Sachsen musste er nicht auf sei-

Heimkehr der Heringsfänger.
Caspar David Friedrich, Frau am Meer, *1818.*

nen Ostseehering verzichten. Als ihm sein Bruder Heinrich im März 1818 ein frisches Fässchen geschickt hatte, quittierte er dies mit den Zeilen: »Du hast mir und meiner Frau durch die zugeschickten Heringe eine wahrhaft größte Freude gemacht. Meine Frau versteht ohne alle weiteren Anweisungen die Heringe so gut zu schnabelieren, als wäre sie eine geborene Pommern und nicht eine geborene Bommern.«

Den größten Eindruck von allen Heringsbildern hat Winslow Homers *Heringsnetz* von 1885 im *Arts Institute of Chicago* auf mich gemacht. Der 1836 in Boston geborene Maler war gut mit der Fischerei an der amerikanischen Ostküste vertraut.

Winslow Homer, Das Heringsnetz, *1898.*

Nach vier Jahren als zeichnender Kriegsberichterstatter im amerikanischen Bürgerkrieg und einer Frankreichreise in die Künstlerkolonie Cernay-le-Ville verbrachte er seine Sommer ab 1873 vor allem in Gloucester, Massachusetts, dem ältesten und größten Fischereihafen der USA. Von hier aus begann er, die Küstenlandschaften zwischen Cape Ann bis hinauf an die Grenze von Maine zu durchwandern. 1883 richtete er sich in Prout's Neck ein Atelier ein und malte dort seine großen Seestücke: *Die Rettungsleine* von 1884, *Die Nebelwarnung* und *Acht Glasen* und *Strömung* von 1886. Dazwischen, im Jahre 1885, entstand *Das Heringsnetz*.

Während Caspar David Friedrich die Heringsjagd ins Elegische romantisiert, dokumentiert Winslow Homer die archaische Härte der Fischerarbeit so realistisch wie kaum ein anderer. Man spürt fast körperlich, mit welcher Kraftanstrengung die beiden Männer das schwere Netz aus der Tiefe des Atlantiks heraufholen. Der Fischer auf der Backbord-Seite lehnt sich zum Ziehen weit über die Bordwand hinaus und es scheint, als würde ihn die Dünung in jedem Moment holen. Die drei Segler am Horizont bieten kaum Hoffnung auf Rettung. Aber daran zu denken, haben die Männer, deren Gesichter von ihren Südwestern verdeckt sind, keine Zeit. Stoisch ziehen sie das eisige Netz mit den Heringen ins Boot und behaupten sich nur scheinbar als Herren der Naturgewalten. Zwei einsame Männer auf hoher See, nur durch ein paar Planken getrennt vom Abgrund des Atlantiks. ›Davy Jones' Locker‹ nennen die Seeleute dieses nasse Grab mit grimmigem Humor. Auf der Hafenpromenade von Gloucester steht ein Denkmal zur Erinnerung an die Fischer, die ganz Neuengland mit Kabeljau und Heringen versorgt haben und dabei auf See geblieben sind: *They That Go Down To The Sea In Ships.* Allein bei Gloucester waren es bisher fast 10 000 Männer. Auch an sie erinnert das Bild von Winslow Homer.

Vincent Van Gogh, Stillleben mit Heringen, *1886.*

Der kulinarische Hering

Hering ist gut.
Schlagsahne ist gut.
Wie gut muss erst Hering mit Schlagsahne sein.
KURT TUCHOLSKY

Der Hering behauptet nach dem Alaska-Seelachs noch immer Platz zwei auf den Fischtellern der Deutschen. Zwar liegt er mit 195 Kilokalorien und 15 Gramm Fett pro 100 Gramm in der kalorischen Mitte zwischen Kabeljau und Aal, dafür verfügt er aber auch über viel Eiweiß, die Vitamine A, B und C sowie über Kalzium, Fluor, Jod und Eisen. Ein rundherum gesunder Fisch also, der sich zudem mit viel kulinarischer Phantasie und ohne viel Kochkunst zubereiten lässt. Die wichtigsten handwerklichen Ratschläge finden Sie passenderweise in Richard Herings *Lexikon der Küche,* dem Standardwerk der europäischen Kochliteratur.

Rügener Heringssalat

500 Gramm Matjesfilet, 1 Apfel,
125 Gramm feine Mayonnaise, 50 Gramm Rote Beete,
frischer Dill, 1 rote Zwiebel, Zucker, Möhren

Die Spezialität meiner Mutter waren Heringssalate, deswegen zuerst ihr Rezept für Rügener Heringssalat mit Apfel und Zwiebel:

500 Gramm Matjesfilet in Würfel schneiden und mit einem ebenfalls gewürfelten Apfel in eine Schüssel geben, dazu 125 Gramm feine Mayonnaise und 50 Gramm klein geschnittene Rote Beete mit frischem Dill, alles verrühren und darüber Ringe von einer roten Zwiebel streuen. Das Geheimnis meiner Mutter bestand in der Beigabe einer Prise Zucker und von in Essig bissfest gekochten und gewürfelten Möhren. Im Kühlschrank ziehen lassen.

Labskaus mit Rinderbrust und Heringsfilets

200 Gramm gepökelte Rinderbrust, 2 Zwiebeln, 1 Lorbeerblatt, 2 Heringsfilets, 250 Gramm Kartoffeln, Butter, 1 Ei, Salzgurken, Rote Beete, 2 Rollmöpse

Labskaus wurde als Pökelfleischgericht zuerst auf den Schiffen der Royal Navy gegessen, deren Matrosen wegen ihrer vom Skorbut geplagten Zähne nur Pürees zu sich nehmen konnten. Daher behalf man sich damit, das harte Rindfleisch eingeweicht, durchgedreht und mit Schiffszwieback zu vermischen. Der englische Schriftsteller und Gastwirt Edward Ward erwähnte es 1706 zum ersten Mal in seinem Buch *A Trip to Jamaica.*

Das berühmteste Labskaus gibt es noch immer im Hamburger *Old Commercial Room* an der Englischen Planke. Das beste habe ich im Osloer *Restaurant Louise* an der Akker Brygge gegessen.

200 Gramm gepökelte Rinderbrust mit zwei Zwiebeln und einem Lorbeerblatt gar kochen und dann durch den Fleischwolf drehen. 2 Heringsfilets und 2 Zwiebeln würfeln. 250 Gramm Kartoffeln kochen, abgießen und stampfen. 3 Esslöffel Butter oder Schmalz in einem Topf zerlaufen lassen, dann das Fleischpüree, die Stampfkartoffeln, das Herings- und Zwiebelhack dazugeben und unter ständigem Rühren langsam erhitzen. Ab und zu Pökelbrühe hinzugeben, pfeffern und auf einer weiteren Flamme ein Spiegelei braten. Das Spiegelei über das Labskaus geben und mit geschnittenen Salzgurken, Roter Beete und 2 Rollmöpsen servieren.

Bismarckhering und Rollmops

Heringsfilets oder Rollmöpse, Lorbeer, Piment, Senfkörner, weißer Pfeffer, Weißweinessig, Zwiebeln, Mohrrüben, Sauerrahm, Salzgurke

Der Bismarckhering, der bald so beliebt wurde wie der holländische Matjes, soll die Erfindung des Stralsunder Brauers und Fischhändlers Johann Wiechmann gewesen sein. Wiechmann schickte dem Eisernen Kanzler 1871 zu seinem Geburtstag ein Fässchen filetierter Ostseeheringe in einer besonders wohlschmeckenden Marinade und bat um die Erlaubnis, seine Spezialität unter dem Namen des Fürsten verkaufen zu dürfen. Die wurde gnädig gewährt, und der Bismarckhering trat seinen Siegeszug durch die deutschen Fischgeschäfte an.

Die Heringsfilets mit Lorbeerblättern, Piment und Senfkörnern in Weißweinessig einlegen, darüber Zwiebelringe und fein geschnittene Mohrrüben schichten. Mindestens einen Tag lang ziehen lassen und mit Sauerrahm servieren. Für Rollmöpse die Filets der Länge nach auseinanderschneiden und in Salzwasser einlegen. Dann einen Sud aus Essig, Lorbeerblättern, weißen Pfefferkörnern und einer geschnittenen Zwiebel aufkochen und abkühlen lassen. In der Zwischenzeit werden die Heringsfilets aus dem Salzwasser genommen und abgetupft, anschließend feine Gemüsezwiebelscheiben, Pfefferkörner und dünn geschnittene Salzgurke auf ihnen verteilt. Nun die Filets aufrollen, mit Zahnstochern zusammenstecken, in einen Topf schichten und den Sud darüber gießen. Mindestens fünf Tage ziehen lassen und mit Gurkensalat, Vollkornbrot und Nordhäuser Doppelkorn servieren.

Marinierter Brathering

12 Heringe, 6 kleine Zwiebeln oder 12 Schalotten,
20 Körner Nelkenpfeffer, 2 Lorbeerblätter,
Zitrone, Essig

Beliebt war bei uns zu Hause auch der marinierte Brathering nach dem Rezept des *Mecklenburger Kochbuchs* von Frieda Ritzerow, das 1868 bei *Hinstorff* in Rostock erschien:

Die Häringe werden 24 Stunden lang ausgewässert, wobei das Wasser öfters durch frisches ersetzt werden muß. Sodann legt man sie schichtweise in einen Steintopf oder Glashafen, einige Citronenscheiben dazwischen und übergießt sie mit einer Marinade, die man bereitet, indem man zu 12 Häringen einen Pott Essig und Wasser – ⅔ Essig, ⅓ Wasser – mit 6 kleinen Zwiebeln oder besser noch mit 12 Schalotten, 20 Körnern Nelkenpfeffer und 2 Lorbeerblättern ins Kochen bringt. Nach einmaligem Ueberkochen nimmt man den Essig vom Feuer, läßt alles miteinander erkalten und giebt es ueber die Häringe, welche dann nach 24 Stunden zum Gebrauche gut sind.

Brathering in Panade

frischer Hering, Milch, Mehl, Eidotter, Weißwein, Butter, Heringsmilch, Rogen, Eier, Salz, Pfeffer, Zwiebeln

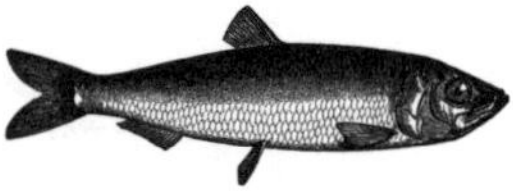

Der gebratene grüne Hering als ›Hering satt‹, wie Sie ihn bei *Min Herzing* in Warnemünde bekommen, lässt sich ebenfalls einfach zu Hause zubereiten:

Die frischen Heringe einen Tag vorher in Milch einlegen. Eine Panade aus Mehl, Eidotter und Weißwein anrühren und die Butter in der Pfanne erhitzen. Die Heringe mit der Panade bestreichen und auf beiden Seiten goldbraun braten. Heringsmilch und den Rogen zerkleinern, mit Eiern, Salz und Pfeffer schaumig schlagen und ebenfalls in der Pfanne in Butter mit fein geschnittenen Zwiebeln dünsten und umrühren, bis die Masse zu stocken beginnt.

Gebratene Ostseeheringsfilets in Kartoffelkruste

8 küchenfertige Heringe, 4 Kartoffeln, 2 Zitronen, etwas Weißwein, Bratfett, Sahne, Wirsingkohl, Karotten, Schinkenwürfel, Zwiebeln, Petersilie, Küchenkräuter, Senf, etwas Mehl und Muskat

Eine Spezialität des Sassnitzer *Gastmahl des Meeres* sind die gebratenen Ostseeheringsfilets in Kartoffelkruste auf Rahm-Senfwirsing von Küchenchef Marcus Dührkop, ein Rezept, das er mir freundlicherweise verraten hat.

Die Heringsfilets werden mit Zitrone und Weißwein beträufelt und eine Stunde lang kalt gestellt. In der Zwischenzeit die Zwiebeln mit Schinkenwürfeln glasig anschwitzen. Den in Streifen geschnittenen Wirsingkohl dazugeben, das Ganze mit etwas Mehl anstäuben und mit Sahne auffüllen. Die Karottenstreifen hinzugeben und mit Salz, Zucker, Muskat und Senf abschmecken. Den Hering leicht salzen und pfeffern, in Mehl wenden und durch die geschlagenen Eier ziehen. Danach in dünn geschnittenen Kartoffelstreifen wälzen und in heißem Butterfett goldgelb braten. Mit Petersilienkartoffeln servieren.

Salzhering mit Pellkartoffeln

*8 Salzheringe, Pfeffer, Zitronensaft,
4 feste säuerliche Äpfel, 4 Zwiebeln
und 1 Bund Petersilie.*

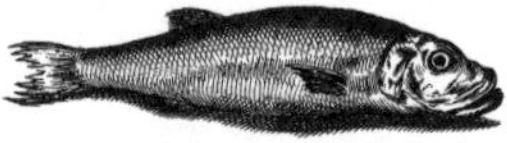

Ein Klassiker war und ist der Salzhering mit Pellkartoffeln, der traditionsgemäß zum Erntefest gegessen wird.

Die Heringe filetieren und gut wässern (24 Stunden in Wasser einlegen, das Wasser mindestens einmal wechseln), anschließend mit Zitronensaft und Pfeffer würzen. Die Äpfel schälen und ohne Kerngehäuse in Scheiben schneiden. Die Fische auf den Apfelscheiben anrichten und mit feinen Zwiebelringen belegen. Mit gehackter Petersilie bestreuen und garnieren. Die gepellten Kartoffeln an die Seite legen und mit ein paar Flöckchen frischer Butter bestreuen.

Schwedische Heringstorte

2 Salzheringe oder Matjes, Weißwein,
250 Gramm Kartoffeln, Reis, 1 Bund Petersilie, 1 Zwiebel,
Kokosfett, Butter, Semmelbrösel, Pfeffer

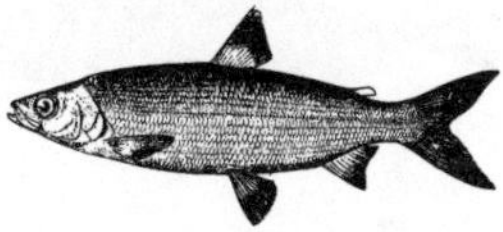

Etwas ungewöhnlicher ist die Heringstorte, die ich von Theaterfreunden in Stockholm serviert bekommen habe. Sie behaupteten, diese Fischtorte wäre ein Lieblingsgericht von Strindberg gewesen.

2 Salzheringe oder Matjes in Weißwein marinieren, 250 Gramm gekochte Kartoffeln mit gekochtem Reis, einem Bund gehackter Petersilie und einer leicht angebratenen Zwiebel mischen und zusammen mit dem Hering in eine mit Kokosfett eingefettete Backform geben. Über die Masse kleine Butterflocken geben, Semmelbrösel und Pfeffer darauf streuen und dann im Ofen goldbraun backen.

Heringsrogen

200 Gramm Heringsrogen, Salz, Pfeffer, Cayennepfeffer, Mehl, Butter, Toast

Der Heringsrogen wurde lange als wertlose Innerei angesehen, bei uns zu Hause aber hoch geschätzt. Heute gilt er in vielen Küchen als Delikatesse und wird sogar als Kaviar-Creme, mit Dill, Curry oder Knoblauch gewürzt, angeboten. Man kann ihn schnell und einfach als warme Vorspeise zubereiten oder Omeletts und Nachos damit füllen.

200 Gramm Heringsrogen gut abspülen, in mit Salz und Pfeffer gewürztem Mehl wenden und dann kurz in Butter anbraten. Mit Cayennepfeffer bestreuen und auf frischem Toast servieren.

Hering in Haferpanade

4 Heringe, 150 Gramm Haferschrot,
2 TL Senfkörner, Salz, Pfeffer, Sonnenblumenöl,
Zitrone, Speckwürfel

In Schottland habe ich an einem Stand für Fish and Chips *Herring in Oat Coat* entdeckt und der schmeckte sehr viel besser als der übliche Schellfisch in dickem Brotteig. Die vielbeschäftigte Fischköchin hat mir zwischen Braten und Servieren das Rezept diktiert.

4 Heringe gut putzen, entgräten und wässern. 150 Gramm Haferschrot mit 2 Teelöffeln gemahlenen Senfkörnern und etwas Salz und Pfeffer in einer Schüssel verrühren und dann die abgetrockneten Heringe von beiden Seiten mit der Hafermischung panieren. In einer Pfanne etwas Sonnenblumenöl erhitzen und die Heringe von beiden Seiten etwa 3 Minuten anbraten, bis sie goldbraun und knusprig sind. Mit Zitrone und angebratenen Speckwürfeln servieren.

James Ensor, Zwei Skelette im Streit um einen Räucherhering, *1891.*

Ohne Salz und Pfeffer, ohne Essig und Öl schmecke der Hering nach nichts, monieren manche Fischfeinschmecker. Heringssushi ist tatsächlich keine Delikatesse, doch darin besteht eben die Besonderheit dieses wendigen Schwärmers. Er kann alle möglichen Geschmacksrichtungen annehmen und bleibt sich dabei trotzdem treu. Aber das schmecken nur die Herings-Kenner.

Der Hering ist tot!
Es lebe der Hering!

Solange du noch schwimmst durch Meer und Belt,
solange, Hering, ist noch Hoffnung für die Welt.

MAX VON JASMUND, ODE AN DEN HERING

Von dem reichen Universum des Herings, seinen Festen der Fruchtbarkeit, seinem fröhlichen Kosmopolitismus, seiner üppigen Kulturgeschichte scheint nach seinem Siegeszug fast alles vergessen zu sein – was bleibt, ist der prosaische Kampf ums Überleben, der Kampf der Fischer und des Fisches.

»Schon heute wohnen über sechzig Prozent der gesamten Menschheit innerhalb einer Zone von sechzig Kilometern entlang der Meeresküsten«, warnte Elisabeth Mann Borgese, die große Anwältin der Meere, 1995 in einem Interview. »Diese Zahl wird sich im nächsten Jahrhundert auf achtzig Prozent verstärken. Das bewirkt einen ungeheuren Druck auf die Meereswelt. Dieser Druck macht die Bestände kaputt und zerstört die Laichplätze der Fische. Aber je mehr Menschen es gibt, desto mehr Fisch wird gebraucht.«

Ihre Prognose hat sich inzwischen bestätigt. Heute sind, nach den Angaben der Welternährungsorganisation FAO, mehr als ein Viertel der Fischbestände überfischt. »Seit 1950 hat sich die Menge des jährlich gefangenen Fischs weltweit verfünffacht«, heißt es im *World Ocean Review* von 2013.

Nach dem Einbruch der atlantischen Bestände Mitte der siebziger Jahre galt auch der Hering bis zur Jahrtausendwende als überfischt. Fangquotierungen und Erweiterung der Maschengröße der Netze haben zumindest in der Nord- und Ostsee zu einer Erholung der Bestände geführt. Diese Nachricht wird von Politik und Medien gefeiert, als sei damit das Problem der Überfischung der Weltmeere gelöst.

Die Konflikte, die durch den rasanten Anstieg der Weltbevölkerung und ihres zunehmenden Hungers gerade entstehen, werden dabei gern ausgeklammert. Aquakulturen sollen in Zukunft unvorstellbare Erträge liefern und die Wildfischbestände schonen. Aber die Massenzucht von Fischen und Meeresfrüchten hat auf den Großfarmen zwischen Norwegen und Vietnam in den letzten Jahren immer wieder zu Epidemien geführt, die ganze Populationen verenden ließen. Gegen deren Auslöser, Bakterien und Viren, werden Antibiotika eingesetzt, die auf die Dauer zu multiresistenten Keimkulturen führen. Hinzu kommen die Abwasserströme, die zusätzlich Nährstoffe und Chemikalien in die überdüngten Meere leiten. Welche Folgen das für die Wildfischbestände haben wird, ist heute noch nicht abzusehen. Der Tourismus- und Fischereiindustrie macht schon jetzt weltweit die Zunahme von Algen und Quallen zu schaffen, wegen denen Strände geschlossen und sogar Atomkraftwerke abgeschaltet werden müssen. Gehen mit den Fischen die natürlichen Feinde der Algen verloren, fehlt dem Meer ein entscheidendes Regulativ. Der Sauerstoffgehalt sinkt und noch mehr Algen und Bakterien breiten sich in den Meeren aus.

Die Ausbeutung der Meere durch den Heißhunger nach Fisch findet ihre Entsprechung im Umgang mit den Menschen, die den Fisch auf den Teller, das Plastikschälchen oder in die

Im Wasser wie zu Lande.
Pieter Bruegel, Die großen Fische fressen die kleinen, *Druck 1557.*

Dose bringen. Bis 1989 lag im Sassnitzer Hafen eine stolze Heringsfangflotte von fünfzig Schiffen vor Anker. Manche davon taten seit 1948 zuverlässig ihren Dienst. Heute sind davon insgesamt gerade noch zwei Kutter übrig geblieben. Einen davon, die *SAS 73 Vereinigung*, hatte Michael Hannig 1990 gekauft. Er klagt bitter über die Subventionspolitik der Europäischen Union in Spanien und Portugal. Gegen die daraus entstehenden Dumpingpreise könne er als kleiner Fischer nicht konkurrieren, zumal der Fischfang unterhalb der Industrieproduktion politisch gar nicht mehr gewollt zu sein scheint: »Hier weiß doch jeder, dass du bei den Dieselpreisen und dem, was du für

Familienalbum III. Heringsverwandtschaft nach Prof. Dr. Strack, Naturgeschichte in Bildern, *1819–1826.*

ein Kilo Hering bekommst, noch Geld mitbringen musst, wenn du fischen willst. 25 Cent pro Kilo zahlt der Händler. Hering will jeder essen, aber billig soll er sein, und dafür sorgen die Fabrikschiffe. Obwohl gerade wir kleinen Küstenfischer umweltschonend fangen. Ich könnte für eine Aquafarm einen Kredit bekommen, aber nicht mehr für meinen Kutter, der seit 65 Jahren fischt. Und dann reden sie von Nachhaltigkeit.« Michael Hannigs Schicksal steht stellvertretend für das von Tausenden von Küstenfischern an Nord- und Ostsee.

Eine Studie der FAO aus dem Jahr 2006 prognostizierte, dass bis 2048 sämtliche Fischbestände kollabieren könnten, wenn der weltweite Fischfang weiterhin so betrieben wird wie heute. Der *World Ocean Review* von 2013 hat darauf hingewiesen, dass die durch Fangverbote einsetzende Erholung der Bestände keineswegs für den Gesamtbestand zutrifft und in Zukunft die Quoten so ausgelegt werden sollten, dass auch für die anderen Jäger, vor allem für Kabeljau und Wale, noch Hering übrig bleibt. Solche Empfehlungen sind jahrzehntelang gerade bei den großen Fischereinationen wie Spanien und Portugal auf taube Ohren gestoßen. Das hat zumindest in der europäischen Fischereipolitik zu einem ersten Umdenken geführt. Doch ob der schwerfällige Trawler EU tatsächlich auf neuen Kurs geht, bleibt abzuwarten. Außerdem ist unter den ersten zehn Fischfangnationen der Welt kein europäisches Land zu finden. Die Weltmeere werden heute von China, Peru, Indien, Japan, den USA und Russland leergefischt. Die über Jahrtausende sprudelnde Quelle scheinbar unermesslichen Überflusses könnte so bald erschöpft sein. »Dann gibt es bei *McDonald's* in Zukunft eben Quallenburger«, spottete 2011 der Meeresbiologe Martin Visbeck in einem Interview.

Dem Hering ist es bis heute gelungen, trotz alledem seiner Ausrottung zu entgehen. Vielleicht wird er sich eines Tages, wenn der Druck wieder größer werden sollte und die Polkappen weiter schmelzen, in nördlichere Breiten zurückziehen. Als listiger Individualist und findiger Schwärmer hat er bisher noch immer einen Ausweg gefunden und sich stets daran erinnert, wie er in den Wochen der größten Gefahr nach seinem Schlüpfen überlebt hat. Er wird, da bin ich mir sicher, auch die Industriefischerei und die marktkonforme Demokratie des Abendlands überleben. »Viele Heringe vertreiben selbst einen Wal«, sagen die Norweger. Vielleicht können auch wir mit dieser Strategie noch einmal den Netzen entkommen, die wir uns selber geknüpft haben. Denn vom Hering lernen, heißt überleben lernen.

Atlantischer Hering
Clupea harengus

Atlantic Herring

Hareng atlantique

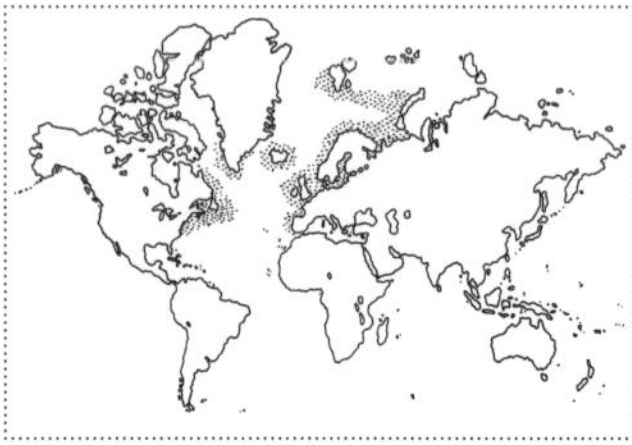

Das Schuppenkleid des berühmtesten Vertreters der Heringsfamilie schillert in allen Farben des Regenbogens, die auf seinem Rücken von Stahlblau bis zu Smaragdgrün spielen, um sich so vor Möwen und Kormoranen zu tarnen. Seinen Jägern unterhalb des Meeresspiegels versucht er mit Schwarm-Taktik zu entgehen, wobei er sich in dieser Formation mit bis zu sechs Knoten vorwärts bewegt. Selbst über seinen gefährlichsten Jäger hat er einige Male triumphiert und durch koordinierte Massenflucht Netze unter Fischkuttern durchgezogen, die daraufhin kenterten. Vor Industrietrawlern und Dynamitfischern versagt allerdings auch dieser Heringsmut. Seine natürliche Lebenserwartung von 20 Jahren ließ man ihn in Atlantik und Pazifik fast nie mehr ausschöpfen. Fast wäre er dort ausgerottet, wären nicht in letzter Minute Schutzmaßnahmen durchgesetzt worden. Der Atlantische Hering hat es in seiner Familie am Weitesten gebracht und für Reichtum, Rang und Nachruhm gesorgt. »Der Hering ist eines der Erzeugnisse, deren Verwendung über das Schicksal ganzer Reiche entscheidet«, schrieb der französische Ichthyologe und Komponist Etienne de Lacépède in seiner *Naturgeschichte der Fische* von 1803. »Die Kaffeebohne, das Teeblatt, die Gewürze der Tropenzonen und selbst die Seidenraupe haben weniger Einfluss auf den Reichtum der Nationen gehabt als der Hering.«

30 cm

Pazifischer Hering
Clupea pallasii

Pacific Herring

Hareng pacifique

Der Pazifische Hering verdankt seinen wissenschaftlichen Namen dem Berliner Naturforscher und Geograf Peter Simon Pallas. Dieser nahm als Mitglied der *Russisch-Kaiserlichen Akademie der Wissenschaften von St. Petersburg* im Auftrag der Zarin Katharina II. an mehreren Expeditionen nach Sibirien und auf der Krim teil und erforschte dort Flora und Fauna. Um den Pazifischen Hering zu entdecken, musste der preußische Forscher sich nach Asien begeben. Im Gegensatz zum Atlantischen Hering ist er kein großer Wanderer und zieht nur während der Laichzeit vom offenen Ozean in küstennahe Gewässer. Normalerweise ist er von der Beringstrasse über das Ochotskische und das Südchinesische Meer bis in den Nordpazifik und an den Küsten Kanadas und Kaliforniens anzutreffen. Manche Schwärme schwimmen die russischen und japanischen Flussmündungen hinauf, wodurch sich auch auf Sachalin und Hokkaido Süßwasserpopulationen gebildet haben. Die Laichzeit beginnt im Nordpazifik im Februar und endet im Oktober an der südkalifornischen Küste. Der Pazifische Hering wird bis zu 35 Zentimeter lang, man fängt aber vereinzelt noch heute Exemplare von einem halben Meter. Weder in der Küche noch in den Künsten Asiens und Amerikas hat er die Popularität seines atlantischen Verwandten erreicht. In Japan schätzt man seinen auf Algen abgelegten Rogen als Delikatesse, verschmäht aber sein Fleisch und verarbeitet es zu Fischmehl für Aquafarmen. In Korea dagegen erfreut er sich großer Beliebtheit und im Hafen von Busan setzte man ihm am Fischmarkt sogar ein silbrig schillerndes Denkmal.

30 cm

Sardine
Sardina pilchardus

Sardine

Sardine

Die Bestände der Atlantischen Sardine erstrecken sich vom Nordatlantik bis zur westafrikanischen Küste. Weitere Vorkommen finden sich im Mittelmeer und im Schwarzen Meer, die jedoch beide stark überfischt sind. Sardinen können bis zu 25 Zentimeter lang werden. Die Sardine lebt wie der Hering in Schwärmen in einer Wassertiefe bis zu 100 Metern und steigt nachts bis zu 10 Metern unter die Wasseroberfläche auf. Sardinen ernähren sich von Plankton und Fischlarven und werden vor allem von Walen, Delfinen und von Seevögeln gejagt. Die ältesten Sardinen-Rezepte stammen aus der Römerzeit. Noch heute nimmt die Sardine auf fast allen Speisekarten der Mittelmeerregion einen ebenso wichtigen Platz ein wie in den Export-Statistiken ihrer Anrainerstaaten. Ihre wirtschaftliche Bedeutung nahm vor allem nach dem Einbruch der Heringsbestände Mitte der siebziger Jahre in Europa zu. Ihre amerikanischen Verwandten an der Westküste Kaliforniens ereilte dieses Schicksal schon in den fünfziger Jahren. Die großen Konservenfabriken von Monterey, dem ›Sardine Capital of the World‹, mussten schließen und die Produktion wurde nach Maine und Marokko verlegt. Wenigstens setzte John Steinbecks 1945 erschienener Roman *Cannery Row – Die Strasse der Ölsardinen* der ehemaligen Allgegenwart der pazifischen Sardine in Monterey ein bleibendes literarisches Denkmal.

20 cm

Sprotte
Sprattus sprattus

Sprat

Sprat

Die Sprotte war und ist der Fisch des ganz armen Mannes. Fast in jedem Hafen und auf jedem Fischmarkt zwischen Reykjavik und Rhodos gibt es für wenig Geld eine große Tüte geräucherter Sprotten, die samt Haut und Gräten zum Frühstück, Mittag und Abendbrot verzehrt werden. Die Fischer und die Fischwissenschaftler unterscheiden zwischen Atlantischer Sprotte, Ostsee-Sprotte und Mittelmeersprotte, die allesamt Planktonfresser sind und in ebenso großen Schwärmen wie der Hering durch die Meere ziehen. Tagsüber traut sie sich aus der Tiefe des Meeres nicht heraus, aber schon am späten Nachmittag beginnt sie aufzusteigen, um sich dann nachts dicht unter der Wasseroberfläche zu tummeln. Zum Ablegen der bis zu 20 000 Eier begibt sich das Weibchen zwischen April und Mai in flache Küstengewässer. Nach dem Ablaichen beginnt eine intensive Fressperiode, die bis zum Oktober anhält.

Von Ende November bis Anfang April überwintert die Sprotte in tieferen Gewässern und mischt sich in einigen Regionen auch mit Heringsschwärmen. In der Ostsee wurde die Sprotte früher das ganze Jahr über befischt, aber heute gibt es auch für sie Schonzeiten. Besonders beliebt sind die geräucherten ›Kieler Sprotten‹ und die in Kräutermarinaden oder Öl eingelegten ›Anchovis‹.

13 cm

Menhaden
Brevoortia tyrannus

Menhaden

Menhaden

Die Menhaden gehören zur Heringsfamilie und kommen in dieser als Atlantischer Menhaden, Pazifischer Menhaden und als Golf-Menhaden vor. In der Umgangssprache amerikanischer Fischer heißen sie ›bunker‹ oder ›mossbunker‹. Das Gattungswort soll sich vom indianischen ›menhada‹ ableiten, was so viel wie ›fruchtbar‹ bedeutet. Damit war sowohl die Größe ihrer Schwärme als auch ihre Verwendung beschrieben. Denn da die Indianer der Ostküste die Haltbarmachung durch Salz noch nicht kannten, verwendeten sie die überzähligen Fische als Dünger für ihre Maisfelder. Der Atlantische Menhaden kommt an der amerikanischen Atlantikküste von Nova Scotia bis Florida vor, wird bis zu 35 Zentimeter lang und trägt auf seinem silbernen Schuppenkleid einen schwarzen Fleck hinter dem oberen Kiemendeckel, manchmal gefolgt von mehreren kleinen Flecken oberhalb der Seitenlinie. Menhaden bilden große Schwärme, die küstennahe Gewässer bevorzugen und dort das ganze Jahr über laichen, wobei der Spätherbst die intensivste Laichzeit ist. Dabei schwimmen sie bis in Flussmündungen hinein, wo die Jungfische aufwachsen, bevor sie ins offene Meer zurückkehren. Das Fleisch der Menhaden ist zart und stark ölhaltig. Heute findet man sie vor allem als Konservenfisch und als Köder in den Fallen der Krabbenfischer in der Chesapeake Bay. Sie haben aber auch eine glamouröse Seite: Ihr Öl wird für die Produktion von Lippenstift verwendet. Und so wandern die Menhaden unsichtbar über die roten Teppiche Hollywoods, ohne dass die Stars und Starlets ahnen, dass sie Fisch auf den Lippen tragen.

40 cm

Wolfshering
Chirocentrus nudus
Chirocentrus dorab

Wolf herring

Hareng de loup

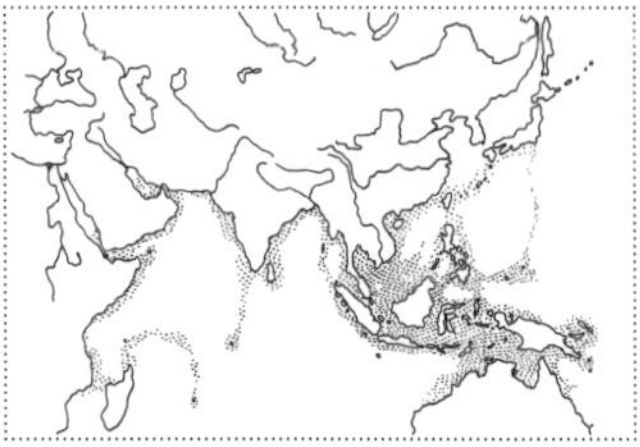

Die Wolfsheringe gehören zu den Heringsartigen, sind also nur weitläufige Verwandte aus der Ordnung der *Clupeiformes*. Diese gefräßigen Raubfische finden sich in den Küstengewässern vom Roten Meer über den Indischen Ozean bis nach Australien und Japan. Ihr gestreckter, schlanker Körper kann bis zu einem Meter lang werden und macht sie zu schnellen Schwimmern. Die Kiefer der Wolfsheringe sind mit scharfen Fangzähnen für die Jagd und einer Reihe von Bürstenzähnen für die Zerkleinerung der Beute ausgestattet. Das silbern glänzende Schuppenkleid mit dem dunkelblauen Rücken erinnert an den Atlantischen Hering, so als hätte sich dieser gutmütige Schwärmer in einen Mr. Hyde der warmen Meere verwandelt. Im Gegensatz zum Hering steht die Rückenflosse der Wolfsheringe nicht mittig, sondern am hinteren Körperende, und die Bauchflossen sind im Verhältnis zur kräftigen Schwanzflosse klein. Der Wolfshering ist der einzig heute noch existierende Fisch seiner Familie, die sich bis in die Kreidezeit nachweisen lässt. Es ist zu hoffen, dass dies noch länger so bleibt. In Japan, wo er als Speisefisch sehr geschätzt wird, stellen viele Fischer ihm nach.

60 cm

Literatur-verzeichnis

Quellen

***Die Bibel.* Altes und Neues Testament nach Martin Luther.** Stuttgart 1977.

Hildegard von Bingen: *Das Buch von den Fischen.* Salzburg 1991.

Alfred Brehm: *Illustriertes Thierleben. Band 3: Die Fische.* Leipzig und Wien 1918.

James Solas Dodd: *An Essay towards a Natural History of the Herring.* London 1752.

Richard Ellis: *Encyclopaedia of the Sea.* New York 2001.

Kurt Fiedler: *Lehrbuch der Speziellen Zoologie. Band 2: Fische.* Jena 1991.

Conrad Gesner: *Vollkommenes Fischbuch.* Hannover 1995.

Jacob und Wilhelm Grimm: *Deutsches Wörterbuch in 31 Bänden.* München 1991.

Friedrich Heincke: *Naturgeschichte des Herings.* Berlin 1898.

Ralf Hammel-Kiesow: *Die Hanse.* München 2000.

Der Königsspiegel. Herausgegeben von Rudolf Meissner, Leipzig und Weimar 1978.

Kurt Jagow: *Die Kulturgeschichte des Herings.* Langensalza 1920.

Carsten Jahnke: *Das Silber des Meeres.* Köln und Weimar 2000.

Manfred Klinkhardt: *Der Hering.* Magdeburg 1996.

Angelika Lampen: *Fischerei und Fischhandel im Mittelalter.* Husum 2000.

Elena Loewenthal: *Der Hering im Paradies.* München 1999.

John M. Mitchell: *The Herring, Its Natural and National Importance.* Edinburgh 1895.

Michael North: *Geschichte der Ostsee.* München 2011.

Birgit Pelzer-Reith: ***Sex & Lachs & Kabeljau.*** Hamburg 2005.

Schwedische Volksmärchen. Herausgegeben von Kurt Schier, Reinbek 1995.

Kulturgeschichte

Sebastian Brant: ***Das Narrenschiff.*** Leipzig 1979.

Nicolai Cikovsky: ***Winslow Homer.*** New York 1990.

Richard Erdosz: ***American Indian Myths and Legends.*** New York 1985.

Caspar David Friedrich: ***Das gesamte graphische Werk.*** München 1985.

Neil M. Gunn: ***The Silver Darlings.*** London 1989.

Jurjen van der Koi: ***Friesische Sagen.*** München 1994.

Olaus Magnus: ***Die Wunder des Nordens.*** Frankfurt 2006.

Jules Michelet: ***Das Meer.*** Frankfurt 1987.

Heiner Müller: ***Die Prosa. Werke Band 2.*** Frankfurt 1999.

Siegfried Neumann: ***Platt-deutsche Märchen.*** Rostock 1981.

William Shakespeare: ***The Oxford Shakespeare.*** Oxford 1990.

W. G. Sebald: ***Die Ringe des Saturn.*** Frankfurt 1995.

Karl Friedrich Wilhelm Wander: ***Deutsches Sprichwörter-Lexikon.*** Darmstadt 1977.

Abbildungsverzeichnis

Seite 56 *Hering.* Archiv Fischerei- und Hafenmuseum Sassnitz.

Seite 60 *Blessing the Fish of the Sea.* John Oliver La Gorce: The Book of Fishes, Washington D.C. 1924.

Seite 62 *Sea Herring. Branch Herring.* Sherman F. Denton, 1902.

Seite 66/67 *Die Niederländischen Sprichwörter.* Pieter Bruegel, 1559.

Seite 68 *Tab XIX.* Jacob Theodor Klein: Historiæ piscium naturalis, Gedanus 1740-1749.

Seite 72 *Hareng Commun.* Henri de la Blanchère: La Pêche et les Poissons, Paris 1868.

Seite 79 *Frau am Meer.* Caspar David Friedrich, 1818.

Seite 80/81 *Das Heringsnetz.* Winslow Homer, 1898.

Seite 84 *Stillleben mit Bücklingen.* Vincent Van Gogh, 1886.

Seite 96 *Zwei Skelette im Streit um einen Räucherhering.* James Ensor, 1891.

Seite 99 *Die großen Fische fressen die kleinen.* Pieter Bruegel, Druck 1557.

Seite 100 *Tafeln CXXVI, CXXIX.* Prof. Dr. Strack: Naturgeschichte in Bildern, Heft 33–56: Fische, Düsseldorf 1819–1826.

Seite 103 *The Herring. The Sprat.* The Naturalist's Library, hg. von Sir William Jardine. Band 37. Ichthyology: British fishes: Part II, Edinburgh/London 1833.

Seiten 105–115 Illustrationen von Falk Nordmann, Berlin 2014.

Dank an Marcus Dührkop, Carmen Guß, Ulrike Hauer, Michael Hannig, Wolfgang Henckel, Thomas Kursikowski, Evelyne Martens, Dr. Timo Moritz, Carsten Müller, Andreas Pfaffe, Sarah Sworder, Birgit Pelzer-Reith, Karen Remmler, das Fischerei- und Hafenmuseum e.V. und die Rügen-Fisch AG Sassnitz.

Holger Teschke, geboren 1958 in Bergen auf Rügen, fuhr als Maschinist auf Fischereikuttern zur See, studierte ab 1982 Schauspielregie in Berlin und war bis 1999 als Dramaturg am Berliner Ensemble engagiert. Heute arbeitet er als Regisseur und Theaterautor und schreibt für *mare, Theater der Zeit* und *Deutschlandradio Kultur.* Holger Teschke lebt in Berlin und South Hadley, Massachusetts.

NATURKUNDEN № 9
Zweite Auflage Berlin 2017

NATURKUNDEN
herausgegeben von Judith Schalansky
erscheinen bei Matthes & Seitz Berlin
ermöglicht durch Jan Szlovak, Hamburg

Göhrener Straße 7, 10437 Berlin
info@matthes-seitz-berlin.de
info@naturkunden.de

EINBAND UND TYPOGRAFIE Pauline Altmann, Berlin
nach einem Entwurf von Judith Schalansky
TITELILLUSTRATION Pauline Altmann, Berlin;
nach Clupea aus *The fishes of India,* London 1875-1878
SCHRIFT Ingeborg von Michael Hochleitner/Typejockeys
LITHOGRAFIE Tomas Mrazauskas, Berlin
HERSTELLUNG Hermann Zanier, Berlin
PAPIER 90 g/m² Fly 04 hochweiß, 1,2 faches Volumen
EINBANDMATERIAL Napura® Khepera von
Winter & Company GmbH, Lörrach
DRUCK UND BINDUNG Pustet, Regensburg

ISBN 978-3-88221-392-8

www.naturkunden.de
www.matthes-seitz-berlin.de